农业物联网
与智能装备系统研发及实践

◎ 尚明华　秦磊磊　等　著

U0306643

中国农业科学技术出版社

图书在版编目（CIP）数据

农业物联网与智能装备系统研发及实践 / 尚明华等
著 . -- 北京：中国农业科学技术出版社，2023.8
　ISBN 978-7-5116-6386-3

　Ⅰ . ①农… Ⅱ . ①尚… Ⅲ . ①物联网－应用－农业
Ⅳ . ① S126

中国国家版本馆 CIP 数据核字（2023）第 146955 号

责任编辑　李　华
责任校对　李向荣
责任印制　姜义伟　王思文

出 版 者　中国农业科学技术出版社
　　　　　北京市中关村南大街 12 号　邮编：100081
电　　话　（010）82109708（编辑室）　（010）82109702（发行部）
　　　　　（010）82109709（读者服务部）
网　　址　https:// castp.caas.cn
经 销 者　各地新华书店
印 刷 者　北京建宏印刷有限公司
开　　本　170 mm×240 mm　1/16
印　　张　6.5
字　　数　120 千字
版　　次　2023 年 8 月第 1 版　2023 年 8 月第 1 次印刷
定　　价　76.00 元

《农业物联网与智能装备系统研发及实践》
著者名单

主　著：尚明华　秦磊磊

副主著：穆元杰　张　伟

参　著：李乔宇　王富军　赵庆柱

　　　　史新田　邱　峰　刘照银

　　　　吴举彬　窦全金　张　敏

　　　　张新民　张传福

前　言

　　互联网让人与人的距离无限缩短。互联网刚来到现代人生活的时候，我们通过电脑、手机发送文字信息；后来随着技术的更新迭代和设备的推陈出新，我们给远在天边的人发送图片、视频；而到了当下，在智能手机走进千家万户之后，互联网的发展迎来了新的高峰，涵盖了各行各业。生产、生活方方面面的手机应用，让人们的生活更加多姿多彩，也给生产、活动带来了极大的便利。当把射频识别、红外感应器、全球定位系统等信息传感设备安装到现实中的各种物体上，所有资料都可以形成数据并上传至网络时，真实的物体就被赋予了"智能"，物与物、人与物之间就可以实现"沟通"和"对话"，物联网也就随之形成。

　　如果说互联网技术让这个世界变成了一个"村"，物联网技术就让这个"村"变成了一个"人"，它有了自己的智慧。互联网通过手机、电脑实现内容的高速共享和传递，而物联网通过感知，能够更好地让物品服务于人类。当物联网应用于农业方面时，大量的传感器节点构成监控网络，它们采集信息，通过各种仪器仪表实时显示或作为自动控制的参数参与到自动控制中，保证农作物有一个良好的、适宜的生长环境。尤其是在以规模化、标准化为特点的合作社、家庭农场生产经营中，物联网技术应用广泛，它使农业逐渐从以人力为中心、依赖于孤立机械的生产模式转向以信息和软件为中心的生产模式。物联网在智能装备系统上的应用，可以提升农田生产效率和农药等物资的利用率，是保障粮食安全、转变农业发展方式的重要举措。物联网在无人船相关方面的应用，有助于构建完整的水质监测系统，为生态环境监测及灾害预警等提供可靠的数据支撑。

　　本书内容是著者近年来围绕农业物联网和智能装备开展研发工作的梳理和总结，并得到了山东省科技型中小企业创新能力提升工程（2022TSGC2244）等项目资助。第一章以现代农场为例，讲解了农业物联网应用系统的建设目标、建设内容和设计原则，并进一步详细介绍了各功能模块等；第二章和第三章，着重阐述了自主研发的智能喷药机器人在果园的应用和智能无人船在水产养殖上的应用。通过物联网在农业上的实际应用案例，读者可以全面深刻地领会物联网技术在农业和智能机械上的应用。果园精准喷药机器人的研发应用，大大降低了果农的劳动强度和生产成本，提高了生产效率，消除了植保作业对人体的伤害，在一定程度上缓解了果园劳动力不足的问题。在研发技术上，喷药机器人突破了路径规划、机器视觉识别、无人化操作等技术难点。面向海上精准养殖的远程无人船系统，解决了传统水产养殖中存在的人工成本高、数据准确度低、有线监测布线复杂、监测点不易移动、数据传输速率慢以及采集点过于单一等问题。智能无人船通过基于船体姿态控制、高精度定位和多传感器避障技术，实现无人船装备在海上的智能化自主导航；通过基于无人船管控云平台和智能机器人技术，实现无人船装备的智能化作业、远程管控和云端服务。

本书具有以下特点。

一是入门要求低。读者只需要有一定的通信和网络知识，以及部分嵌入式相关知识。

二是完整性好。本书内容完整，涉及面广，内容涵盖物联网基础知识、在农业上的实际应用、智能农业装备的案例等，便于读者全面理解物联网在农业上的应用。

三是概括性高。本书每章标题都是对该章内容的高度概括，对其内容解释尽可能做到精练、准确。

四是实用性强。本书紧密结合农业生产和实际应用，通过案例详细阐述了物联网技术在农业上如何应用，避免了空洞的知识讲解。

农业物联网是一个复杂的系统，涉及电子、通信、计算机、农学等若干学科和领域，这些学科的交叉和集成决定了写好这样一本书并不是容易的事情。农业物联网又是一个复杂的工程，除理论、技术和方法外，在将技术和理论应用于实践的过程中，会遇到更多的问题。如有任何建议和意见，欢迎与著者联系。

著　者

2023 年 6 月

目 录

1 现代农场物联网应用系统

1.1 现代农场物联网应用系统总体设计 ············· 1

  1.1.1 系统建设目标 ················· 1

  1.1.2 系统建设内容 ················· 1

  1.1.3 系统设计原则 ················· 1

1.2 现代农场物联网应用系统各功能模块 ············· 3

  1.2.1 农田环境实时感知与智能控制子系统 ······· 3

  1.2.2 远程视频监控和虚拟全景漫游子系统 ······· 9

  1.2.3 物联网综合管控云平台子系统 ··········· 20

  1.2.4 农场无线网络全园覆盖子系统 ··········· 45

  1.2.5 农田双向语音对讲子系统 ············· 48

2 果园精准喷药机器人装备

2.1 研究概述 ····················· 57

  2.1.1 研究背景 ··················· 57

  2.1.2 国内外研究现状 ··············· 58

  2.1.3 主要创新点 ················· 59

  2.1.4 技术路线 ··················· 59

2.2 研究过程 ····················· 60

  2.2.1 系统架构 ··················· 60

  2.2.2 无人驾驶移动平台 ·············· 61

  2.2.3 变量智能喷药技术研究 ············ 69

  2.2.4 果园精准喷药机器人 ············· 71

2.2.5 喷药机器人管控手机 App ·························· 72

2.2.6 示范应用 ·· 77

2.3 研究结果和讨论 ·· 78

2.3.1 研究结果 ·· 78

2.3.2 讨论 ·· 78

3　面向海上精准养殖的远程无人船系统

3.1 研究概述 ·· 79

3.1.1 研究背景 ·· 79

3.1.2 国内外研究现状 ·································· 79

3.1.3 主要创新点 ······································ 81

3.1.4 技术路线 ·· 81

3.2 研究过程 ·· 82

3.2.1 海上精准养殖环境监测设备研制 ·················· 82

3.2.2 海上精准养殖远程无人船研制 ···················· 87

3.2.3 海上精准养殖远程无人船无人管理平台开发 ········ 89

3.3 研究结果和讨论 ·· 90

3.3.1 研究结果 ·· 90

3.3.2 讨论 ·· 91

参考文献 ·· 93

1

现代农场物联网应用系统

1.1 现代农场物联网应用系统总体设计

1.1.1 系统建设目标

现代农场物联网应用系统建设以"促生产、树形象、创品牌"为目标和原则，通过应用物联网和移动互联网等先进技术，强化农场田间科研数据采集和农场安全生产管理中的信息化手段，展示宣传独具特色的智慧农业和生态农业等新技术应用，提升农场的科研保障能力和推广应用效果，探索以信息技术服务于现代农业发展的新模式，着力构建"数字农场，智慧园区"。

1.1.2 系统建设内容

现代农场物联网应用系统建设项目，包括农场农田环境实时感知和智能控制子系统、农场远程视频监控和互联网全景漫游子系统、农场物联网综合管控云服务平台子系统、农场无线网络全园覆盖子系统、农场田间双向语音对讲子系统等内容。

1.1.3 系统设计原则

随着信息技术的飞速发展，新技术不断涌现，蔬菜大棚综合监控系统，必须是高性能、可扩展的物联网体系结构，以便支持今后不断更新和升级的需要。同时现代农场物联网系统建设以满足实际应用为出发点，设计时主要遵循以下原则。

1.1.3.1　可靠性

系统可靠性是系统长期稳定运行的基石，只有可靠的系统，才能发挥有效的作用。本研究从系统设计理念到系统架构的设计，再到产品选型，都将持续秉承系统可靠性原则，均采用成熟的技术，具备较高的可靠性、较强的容错能力、良好的恢复能力及防雷抗强电干扰能力。

1.1.3.2　先进性

在投资费用许可的情况下，系统采用当今先进的技术和设备，一方面能反映系统所具有的先进水平，包括先进的传输技术、图像编码压缩技术、视频智能分析技术、存储技术、控制技术；另一方面使系统具有强大的发展潜力，设备选型与技术发展相吻合，能保障系统的技术寿命及后期升级的可延续性。

1.1.3.3　扩展性

系统应充分考虑扩展性，采用标准化设计，严格遵循相关技术的国际、国内和行业标准，确保系统之间的透明性和互通互联，并充分考虑与其他系统的连接；在设计和设备选型时，科学预测未来扩容需求，进行余量设计，设备采用模块化结构，便于系统扩容、升级。系统加入新建设备时，只需配置前端系统设备，建立和监控中心的连接，在管理平台做相应配置即可，软硬件无须做大的改动。

1.1.3.4　易管理性、易维护性

系统采用全中文、图形化软件实现整个监控系统管理与维护，人机对话界面清晰、简洁、友好，操控简便、灵活，便于监控和配置；采用稳定易用的硬件和软件，完全不需借助任何专用维护工具，既降低了对管理人员进行专业知识的培训费用，又节省了日常频繁维护的费用。

1.1.3.5　安全性

综合考虑设备安全、网络安全和数据安全。在前端采用完善的安全措施以保障前端设备的物理安全和应用安全，在前端与监控中心之间必须保障通信安全，采取可靠手段杜绝对前端设备的非法访问、入侵或攻击行为。数据采取前端分布存储、监控中心集中存储管理相结合的方式，对数据的访问采用严格的用户权限控制，并做好异常快速应急响应和日志记录。

1.2 现代农场物联网应用系统各功能模块

1.2.1 农田环境实时感知与智能控制子系统

1.2.1.1 农田环境信息采集监测模块

利用智能传感技术，在农场的智能温室、冬暖大棚和其他种植区内，布设安装山东省农业科学院自主研发的"智农云宝"系列物联网前端设备，实时感知地块、温室大棚或种植区内影响作物生长的关键环境信息、土壤信息等。利用高精度传感器准确、实时地获取环境温湿度、土壤水分、光照强度等关键参数变化情况，随时掌握作物环境适宜度指数；利用便携式土壤养分速测仪，检测农田地块内土壤氮、磷、钾等主要养分分布及变化情况，随时掌握土壤适种性能指数。监测数据实时显示于农场监控中心大屏幕；各研究所相关科研人员可通过"智农云端"手机专用 App 或个人微信等方式进行查看或预警。通过实时监测数据与田间相结合，方便科研人员进一步优化作物生长环境，改善作物营养状态，及时发现作物病虫害暴发时期，保障作物最佳生长条件。

（1）农田环境信息多参数采集节点。

①功能需求设计：

◎农场农田环境数据采集。

◎设施生产环境（冬暖大棚）。

◎ 220V 市电或太阳能供电。

◎本地无线传输。

②涉及的主要设备：根据农场需求情况，需要在农场的日光温室（冬暖大棚）内安装物联网设备，实现环境常规 6 项参数的自动监测；需要在果树种植区安装物联网设备，实现露地气象环境 7 项参数的自动监测。为此，本研究中主要涉及如下采集设备。

◎温室大棚空气温湿度无线自供电传感节点 1 套，实时监测棚内空气温湿度及变化情况。要求太阳能供电，无线传输。

◎温室大棚土壤水分无线自供电传感节点 1 套，实时监测棚内土壤含水量及变化情况，要求太阳能供电，无线传输。

◎温室大棚土壤温度无线自供电传感节点 1 套，实时监测棚内土壤温度及变化情况，要求太阳能供电，无线传输。

◎温室大棚光照强度无线自供电传感节点 1 套，实时监测棚内光照强度及变化情况。要求太阳能供电，无线传输。

◎温室大棚 CO_2 浓度无线自供电传感节点 1 套，实时监测棚内 CO_2 浓度及变化情况。要求太阳能供电，无线传输。

◎农场露地农田环境 7 项参数采集监测站 1 套，实时监测农场露地农田环境下大气温度、大气湿度、风速、风向、大气压力、降水量、太阳总辐射 7 项参数的变化情况，要求太阳能供电，无线传输。

③关键元件选型：

◎主芯片采用高性能、低成本、低功耗的 STM32F103 单片机，基于超低功耗的 ARM Cortex–M3 处理器内核，时钟频率最高 72MHz 时，从闪存执行代码，STM32 功耗 36mA。片上集成 512kB 的 Flash 存储器。6～64kB 的 SRAM 存储器。

◎嵌入式 uC/OS–ii 系统，由 Micrium 公司提供，是一个可移植、可固化的、可裁剪的、占先式多任务实时内核，它仅仅包含了任务调度、任务管理、时间管理、内存管理、任务间的通信和同步等基本功能。

◎采用工业级点阵液晶屏，对比度高，数据显示清晰，稳定性强。

◎采用工业级超低功耗无线传输模块（Si4432 模块），串口通信，灵敏度高，采用 433MHz 工作频率，支持数据缓冲 FIFO、接收信号强度指示（RSSI）、低电压监测。提供对同步字检测、地址校验、灵活的数据包长度及自动 CRC 处理的支持。

◎采用宽电压输入芯片 MC34063，电压输入范围控制在 6～40V。输出电流可达 1.5A。

◎空气温湿度采用 SHT11，该产品具有功耗低，采集数据精确，响应速度快，抗干扰能力强，性价比高等优点。

◎土壤温度采用 DS18B20，具有体积小，硬件开销低，抗干扰能力强，精度高的特点。通过单总线即可实现与 MCU 通信。

◎水分传感器采用 FDS–100，是一款基于频域反射原理，利用高频电子技术制造的高精度、高灵敏度测量土壤水分的传感器。通过测量土壤的介电常数，能直接稳定地反映各种土壤的真实水分含量。

◎光照传感器采用 BH1750FVI，是一款两线式串行总线接口的数字型光强度传感器，它灵敏度高，对光源依赖性小，测量光照强度可直接数字输出。

（2）农田环境信息监测网关节点。

①功能需求设计：

◎农场农田环境信息汇聚和智能控制。

◎ AC220V 市电供电。

◎本地无线传输和远程网络传输。

◎与物联网云平台衔接。

◎上行与下行数据处理、协议转换。

◎本地设备控制。

②主要元件选型：

◎主芯片选用 Samsung 生产的低功耗、高性能 S3C2440 处理器。它是基于 ARMv4T 架构，RISC 处理器，主频可达 400MHz，支持 SDRAM，静态存储器，支持 MMU。

◎嵌入式 Linux 操作系统是遵循 GPL 协议的开放源代码的操作系统，支持 CPU 种类齐全，支持硬件种类丰富，支持几乎所有的网络协议，移植简单、可裁剪。

③设备工作流程：

◎采集数据

打开设备开关，各功能单元上电初始化；信息处理交互单元启动自动读取配置信息并进入信息采集模式，按照相关协议通过传感通信单元发送轮询指令，布设在现场的各个无线传感采集节点接收轮询指令，并返回传感器数据。

◎处理数据

信息处理交互单元解析传感器数据并实现信息显示和本地报警等功能，对传感器数据进行重新封装并进行转发。

◎传输数据

远程传输单元对发来的视频数据和传感器数据进行统一传输，通过无线信道传送至远程服务器端；远程服务器端将视频数据和传感器数据进行解析、处理、存储和集成应用。

◎远程控制

操作人员通过电脑或手机终端发送控制指令；控制指令传输至信息处理交互单元；信息处理交互单元接收并解析所述的控制指令；根据控制指令的

内容操作继电器模块，从而控制本地设备的开启和关闭。

④设备操作说明：网关节点是连接无线传感节点与云平台服务器的中间桥梁。负责接收各个无线传感节点采集的监测数据，并通过远程无线传输模块进行即时转发，传输至本地监控中心或远程服务器端。此外，网关节点还负责接收来自用户的下发指令，解析指令内容，并根据得到的命令信息输入相应的开关量信号，实现对现场可控执行设备的自动化控制。

◎开机

打开外部 220V 市电开关，接通电源，系统自动启动，如图 1-1 所示。

图 1-1 网关节点启动界面

◎系统设置

系统启动完毕后，先后点击"设置"按钮，可进入设置界面，如图 1-2 所示。

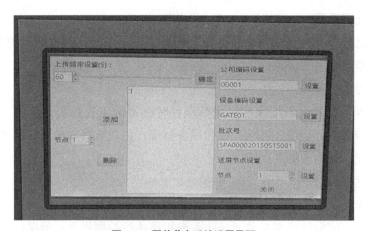

图 1-2 网关节点系统设置界面

公司编码设置：可根据自己企业名称或缩写进行设置，尽量输入英文或数字代码，如"农科院"可设置为"Nongkeyuan"。

设备编码设置：每个网关节点具有唯一的设备代码，用来实现与平台应用子系统的设备识别，根据网关节点数目依次设置网关代码，如"NODE1"（网关节点 1）、"NODE2"（网关节点 2），"NODE3"（网关节点 3）……依此类推。

批次号：批次代码用来配合实现农产品质量追溯记录，若无产品追溯方面的应用，此处可填写"0"，无强制要求。

上传频率设置：网关节点每查询一次采集节点数据的时间间隔即为采集周期，通常设置在 1 ~ 300s，可根据实际需要调节采集周期。

采集节点设置：网关节点每次查询的采集节点的地址，可先选中采集节点的地址，然后点击"添加"或者"删除"键对选中的节点地址进行操作。

1.2.1.2 农田环境智能化控制模块

利用智能控制技术，在农场智能温室内布设安装山东智农物联网技术有限公司自主研发的物联网远程控制终端设备，如图 1-3 所示，主要控制温室内的风机、遮阳、天窗、浇水等设施；在农场的冬暖大棚内，布设安装智能卷帘控制器和远程浇灌控制器，实现智能卷帘和浇水控制；在农场精品果树和葡萄栽培区，布设安装智能灌溉采集器和控制器，实时监测机井水位、灌溉水泵流速、流量及水泵运行状态等信息，并实现远程管理。上述物联网终端设备均可通过农业物联网管控云平台（智农云平台）在电脑端或手机端进行远程控制，并具有严密的权限管理，确保可靠操控和安全生产。

图 1-3 物联网智能控制设备

针对温室大棚环境控制中的大滞后、多输入、多输出、非线性和难以建立数学模型等特点，对传统的常规 PID 控制算法进行了改进，并加入自适应控制、模糊控制和专家自整定等智能控制功能，建立了 MPT 智能控制算法。该算法具有无超调、控制精度高和鲁棒性强等特点，已经在卷帘和卷膜控制器中得到应用。控制器接收网关节点下发的控制指令并执行操作，动作完成后会向云平台端反馈相应设备的执行状态，如图 1-4 所示。

图 1-4　物联网智能控制设备

根据农场需求情况，需要在农场的日光温室（冬暖大棚）内实现卷帘、卷膜、浇灌控制；需要在种植区实现喷淋控制。为此，本研究中主要涉及如下控制设备。

①温室大棚卷帘状态传感节点 4 个，实现温室大棚卷帘状态的检测感知。

②无人值守式大棚卷帘智能控制器 1 套，在农场大棚区实现无人值守式温室大棚远程卷帘控制。

③温室大棚自动卷膜控制器 1 套，通过自动卷膜实现蔬菜大棚温湿度智能调控。

④农场远程浇灌 / 喷淋控制器及配套装备 2 套，分别实现蔬菜大棚和果树种植区的浇水自动控制。

1.2.1.3　农田监测信息智能显示模块

利用智能显示技术，在农场地块边、智能温室内、冬暖大棚外和精品果树区，分别布设安装无线智能专用显示屏，在现场实时显示相应地块、温室或大棚的信息、监测数据及自定义信息，使各类科研和管理的状态数据能够一目了然；显示屏中的自定义内容可在物联网管控云平台（智农云平台）或用户手机端远程定义并即时生效。

根据农场需求情况，需要在农场的日光温室（冬暖大棚）外实现棚内数据智能显示；需要在种植区实现露地气象环境数据智能显示。为此，本研究中主要涉及室外型无线智能显示设备（物联网电子看板）2套，要求立式电子看板，实时显示相应地块、温室或大棚的信息，监测数据及自定义信息。显示内容可在云平台或手机端远程定义并即时生效。

1.2.2　远程视频监控和虚拟全景漫游子系统

利用数字微波技术，建立覆盖整个农场的远程高清视频监控和无线传输网络系统，在农场地块、智能温室、冬暖大棚、精品果树、办公区域、重要出入口及主要道路路口分别布设安装红外高清数字摄像机（球机或枪机），并通过无线传输设备实时传输至农场综合监控中心。在农场综合管控中心内，接入光纤专线宽带网络，配置机柜、操作台等，安装高清大屏、专用PC机、高清视频控制器和远程视频云端接入设备等，实现多路高清视频数据的本地存储和远程调取。科研人员、管理人员可通过物联网管控云平台（智农云平台）、用户手机端、综合管控中心大屏幕或农场门户网站等多种方式进行云台控制和实时查看，随时随地掌握农场的作物、蔬菜、果树等的长势长相、田间管理等情况，如图1-5所示。

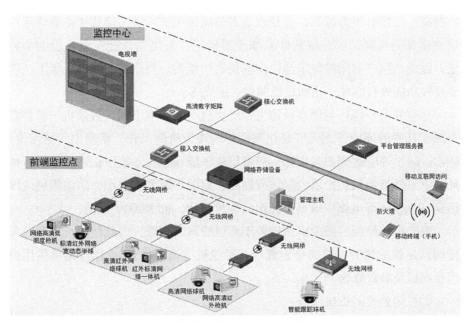

图1-5　视频监控的系统拓扑

1.2.2.1 高清视频监控及无线传输模块

在农场建设整套视频监控系统，前端摄像机选择海康威视百万高清网络摄像机，包含可变焦高清红外枪机、高清红外球机、360度全景摄像机等。

视频数据传输采用无线通信方式。无线传输系统采用无线网络设备进行局域网搭建，选用11n/ac 300M/600M高带宽2.4GHz和5GHz无线网桥通过点对点和点对多点的传输方式进行网络搭建。

（1）视频监控功能设计。前端摄像机是整个农场安防系统的原始信号源，主要负责各个监控点现场视频信号的采集，并将其传输给视频处理设备。监控前端的设计将结合实际监控需要选择合适的产品和技术方法，保障视频监控的效果。

①视频监控对摄像机的要求：作为监控系统的视频源头，摄像机对整套监控系统起着至关重要的作用。对摄像机的基本要求是图像清晰真实、适应复杂环境、安装调试简便。

图像真实清晰：摄像机种类很多，其本源是内部核心部件"图像传感器＋数字处理芯片"，针对不同的行业有完全不同的优化方案。比如广播电视系统的图像处理偏艳丽，这符合观众的视觉需求。相对而言，视频监控系统对图像的要求是真实还原，尤其是图像的色彩应与现场一致，比如人的肤色、衣着颜色、车辆颜色等。另外，图像清晰度主要取决于图像传感器线数，线数越高，图像解析力越高，能获取更多的图像细节。镜头倍数也将影响用户捕获图像的景深，广角取景能获取全景概况，长焦取景能获取人脸面部特征，因此，用户对图像要求与使用场景密切相关。当然，在特殊场景下还需要特殊功能进行匹配，比如超低照度、逆光等。

适应复杂环境：与硬盘录像机、交换机所处环境不同，摄像机一般都置于风吹日晒的环境下，天气变化都会影响摄像机的工作。耐高温、抗雷击、防水、防尘等应达到相关指标，摄像机应该能在恶劣环境下正常工作。有些环境下室外摄像机防护罩内应该有加热、除湿等装置，防水、防尘级别应该达到IP66，内部电路应该具备防浪涌保护设计，抗3 000V雷击。

安装调试简便：摄像机多安装于难以摘取的位置，因此使用过程中的再度调试是较麻烦的，增加维护成本。摄像机应该提供OSD操作菜单供用户远程调试及参数修改。

②视频监控的点位选择：

农场出入口摄像机：出入口是人员出入的场所，需在每个出入口设置监控点，安装摄像机时需考虑夜晚的光线很差，并且要求每个监控点要看清楚进出人员的样貌。该系统设计固定红外高清摄像机，实时记录出入人员信息。红外高清摄像机负责 24h 监控整个场景，满足系统无盲区的要求。

农机仓库：泵站和科研楼周边布设监控摄像机：农机具仓库内涉及多个单位的设备摆放和多种设备的交叉使用，光线变化较大，效果要求清晰、需要不间断地录像。科研楼周边环境简单布设球机即可。

农场周界监控摄像机：农场周界区域监控目标明确、光线变化相对不大，效果相对要求比较清晰。

各地块农田区域：各地块农田区域监控目标范围广、光线变化相对较大，效果相对要求比较清晰，需要 360 度监控无盲区。

停车场监控摄像机：停车场监控目标范围比较广、光线变化也比较大，效果相对要求比较清晰，需要 360 度监控无盲区。

③视频监控的主要功能：

安防监控，制止不法分子的盗窃：农场内安装高清监控系统，可实现对整个农场内部和周界进行 360 度全方位监控和 24h 不间断地监视工作，并且可以保留一个月的监控资料。

节省人力，足不出户可监看作物生长情况：监控系统可实时监控农场内农作物的生长情况并通过网络远传及网上直播，农田经营者可以随时随地观察蔬菜生长情况，甚至可以将该视频直接公布在网络上，让消费者看见蔬菜的培养过程，这就足以证明蔬菜生长环境的优良。

智能分析，变被动为主动监控：传统的视频监控只是摄取录像信息，并不对视频进行分析，监控人员需要 24h 直盯监控屏幕进行查看，而海康威视提供的解决方案能够通过智能分析算法对监控场景进行分析，让被动的监控成为主动的监控，让监控变成真正意义上的智能监控。

远程监控，手机平台随时随地看现场：该系统可以在手机上安装手机客户端，手机客户端目前支持 Android 系统，管理人员可以在其智能手机上安装手机客户端，通过 4G、3G 或者 Wi-Fi 网络查看现场视频，工作人员可以直接将现场的种植情况展现给客户，让客户能够直观地了解农作物的质量。

中心大屏，展示蔬菜大棚图像：通过在监控中心安装拼接屏系统，能够通过大屏幕的方式展现农场农田现场情况，大屏幕的好处在于能够非常醒目地看清现场，由于安装 300 万高清摄像机，而高清摄像机只有通过大屏的方式展现效果才是最佳的。

（2）无线传输功能设计。

①无线传输的优点：

综合成本低，只需一次性投资，无须挖沟埋管，特别适合室外距离较远及已装修好的场合；在许多情况下，用户往往受到地理环境和工作内容的限制，如山地、港口和公园等特殊地理环境，对有线网络、有线传输的布线工程带来极大的不便，采用有线的施工周期将很长，甚至根本无法实现。这时，采用无线监控可以摆脱线缆的束缚，有安装周期短、维护方便、扩容能力强、迅速收回成本的优点。

维护费用低，无线监控维护由网络提供商维护，前端设备是即插即用、免维护系统。

无线监控系统是监控和无线传输技术的结合，它可以将不同地点的现场信息实时通过无线通信手段传送到无线监控中心。在无线监控系统中，无线监控中心需要实时得到被监控点的视频信息，并且该视频信息必须是连续、清晰的。在无线监控点，通常使用摄像头对现场情况进行实时采集，摄像头通过视频无线传输设备相连，并通过无线电波将数据信号发送到监控中心。

②无线传输技术的主要特性：

可靠的通信：抗射频干扰性能，理想的接收灵敏度，宽范围天线能提供强大的、可靠的无线传输。

低成本：可以避免安装线缆的高成本费用、租用线路的月租费用以及设备需要经常移动、增加和改变相关的费用。

灵活性：由于没有线缆的限制，可以随心所欲地增加工作站或重新配置工作站。

移动性：由于设置允许在任何时间、任何地点访问网络数据，而不是在指定的地点，所以用户可以在网络中漫游。

快速安装：无须施工许可证，不需要开挖沟槽，安装无线网络所需的时间只是安装有线网络的零头。

高吞吐量：可实现 300 ～ 900Mbps 或更高的数据传输速率，高于 T1、E1 线路速率。

保护用户投资：可实现向未来技术的平滑升级，无须更换设备重复投资。

抗干扰性强：抗干扰是扩频通信主要特性之一，比如信号扩频宽度为100倍，窄带干扰基本上不起作用，而宽带干扰的强度降低了100倍，如要保持原干扰强度，则需加大100倍总功率，这实质上是难以实现的。因信号接收需要扩频编码进行相关解扩处理才能得到，所以即使以同类型信号进行干扰，在不知道信号扩频编码的情况下，干扰也不起作用。正因为扩频技术抗干扰性质，美国军方广泛采用扩频无线网桥来连接分布在不同区域的计算机网络。

隐蔽性好：信号在很宽的频带上被扩展，单位带宽上的功率很小，即信号功率谱密度很低，信号淹没在噪声之中，别人难以发现信号的存在，加之不知道扩频编码，很难获取有用信号，而极低的功率谱密度，也很少对其他电信设备构成干扰。

抗多径干扰：在无线通信中，抗多径的问题一直是难以解决的问题，利用扩频编码之间的相关特性，在接收端可以以相关技术从多径信号中提取分离出最强的有用信号，也可把多个路径来的同一码序列的波形相加使之得到加强，从而达到有效的抗多径干扰。

③视频主流传输技术比较，如表1-1所示。

表1-1 视频主流传输技术比较

比较项目	无线视频监控	有线模拟传输	有线视频监控
传输方式	无线，OFDM	有线视频电缆	光纤
施工难易	只需架设无线基站和天线，即可在无线覆盖范围内任何地方安装视频点	需要挖沟布线，挖墙钻洞，甚至破坏建筑原装修	需要挖沟布线，挖墙钻洞，甚至破坏建筑原装修
可扩展性	可以随时添加新的监控点	增加传输点需要进行布线施工，比较烦琐	增加传输点需要进行布线施工，比较烦琐
可扩展性	可以随时添加新的监控点	增加传输点需要进行布线施工，比较烦琐	增加传输点需要进行布线施工，比较烦琐
使用方便	在网络中任何一台电脑上均可收看图像，甚至在移动中也可监控远端	必须在机房才能集中看到传输图像	必须在固定点才能集中看到传输图像
标准化	遵循全球统一的通信技术标准和协议TCP/IP	模拟传输系统之间彼此兼容性较差，很难互通	遵循全球统一的通信技术标准和协议TCP/IP

（续表）

比较项目	无线视频监控	有线模拟传输	有线视频监控
传输范围	最远可达100km、可提供从64kbps到900Mbps的通信速率	当传输距离大于1 000m时，信号容易产生衰耗、畸变、群延时，并且易受干扰，使图像质量下降	2～10km
维护管理	简单，出现问题可自行解决	复杂，出现问题需找专业人员解决	复杂，出现问题需找专业人员解决
录像存储	数字化信号，任何一台联网电脑都可以存储、检索和回放录像，也可配置专门的服务器及相应软件来进行统一集中存储和管理，图像质量不会受保存时间的影响	模拟信号，需用专用录像机和磁带进行存储，保存时间长了，存储的图像质量会受影响	可配置专门的服务器及相应软件来进行统一集中存储和管理，图像质量不会受保存时间的影响
设备成本	距离越远，成本越低	成本低	距离越远，成本越高
接口方式	标准以太网	模拟接口	转换为以太口
图像质量	实时、可以达到高清效果	实时、可以达到VHS录像带效果	实时、可以达到DVD效果
多点监控	支持	只能点对点	支持

1.2.2.2 液晶拼接屏及中心控制模块

液晶拼接系统连接如图1-6所示。

（1）液晶拼接显示系统的设计原则。为满足各类大型显示中心（如监控、指挥调度）应用特点，所采用的大屏幕显示系统除应具备优良的显示特性，如高亮度、高对比度、高分辨率、宽视角、亮度及色彩均匀外，更应具备能够长期连续、安全稳定运行的特性，同时为降低日常维护和维修对资金和时间的浪费，该显示系统应满足"维护简便、低损耗"的技术要求。"Really 锐丽"液晶拼接显示系统，显示部分采用"Really 锐丽"先进工艺制造的"超窄边"液晶屏，拼接组成大屏幕显示墙，显示质量优异，同时全数字化高集成电路设计确保了系统稳定性。24h长期连续运行不会对显示单元产生任何损坏，对显示效果没有任何影响。从安装调试完毕到使用数年后，都能保持相同的显示效果，达到同样的清晰度、分辨率、显示精度。产品平均无故障时间大于60 000h，核心部件寿命超过100 000h，具有极高的可靠性。

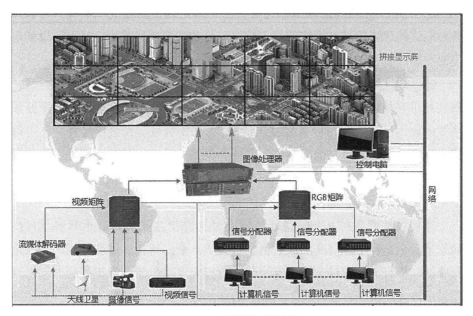

图1-6 液晶拼接系统连接

①实用性原则：大屏幕显示系统应具备完成现代农场物联网系统建设所要求功能的水准。系统操作简捷、反应迅速、界面友好。该类显示系统肩负着日常工况监控的任务，尤其在发生紧急情况时，必须能够通过快速获取各种动态图像信号，为领导决策和指挥提供辅助作用，从而发挥其重要作用。"Really 锐丽"液晶拼接显示大屏幕的系统操作、窗口切换和缩放、信号源的切换简捷明了，快速方便。充分满足农场监控中心的各项要求。

②先进性原则：随着信息技术发展的日新月异，高科技手段应用信息显示中心辅助决策系统越来越普遍。作为各种视频信号（计算机、视频、网络等）的集中显示终端，大屏幕显示系统一定要具备高分辨率显示、色彩均匀稳定，并且能与各种信号良好兼容的特性。采用"Really 锐丽"最新先进技术制造的"Really 锐丽"55英寸液晶拼接显示单元，具备500cd/m² 亮度，500 000∶1 的动态高显示对比度，图像色彩层次及鲜明度相对于以往显示器件有了明显的改善。完善的色彩一致性，有效抑制各画面间三原色的离散和色像漂移，保证颜色的高度一致。完全没有"太阳效应"，显示单元亮度均匀一致，整屏亮度均匀度可达到98%以上。先进的屏幕处理技术，具有防反射、高亮度、视角宽、拼接工艺均匀性好、长期使用完全无变形的特点。

"Really 锐丽"液晶拼接显示单元独有的一体化内置图像处理系统，可以与各种制式的视频信号、模拟信号、数字信号和网络信号兼容，从而可以满足不断增加的数字化显示需求。

③开放性原则：本套大屏幕显示系统应具备良好的灵活性、兼容性、扩展性和可移植性。"Really 锐丽"55 英寸液晶拼接显示大屏幕系统遵循开放系统的原则。系统除可以直接接入计算机 RGB 信号、视频信号外，还可以接入网络信号。通过对信号系统各种计算机图文及网络信息、视频图像信息的动态综合显示，实现对多种不同信息的实时监视，为监控人员和领导提供一个高清晰度、高亮度、高智能化的一个交互式的平台。

④经济性原则："Really 锐丽"55 英寸液晶拼接大屏幕显示系统是目前最先进，也是性价比最高的大屏幕显示系统。液晶拼接大屏幕使用中无须定期维护，没有易损部件，更没有像传统背投大屏幕所需经常更换的灯泡，液晶显示单元完全不存在耗材。因此，后期的维护成本非常低，加上合理的采购成本，可以说液晶拼接大屏幕拥有比传统大屏幕更佳的显示性能，低得多的建设成本，整体性价比极具优势。

⑤可扩展性原则："Really 锐丽"55 英寸液晶拼接显示大屏幕系统有增加新设备和新功能的能力，软件只需进行简单的扩容就可以满足要求，不必更改源程序，硬件只需相应增加，使系统随时紧跟时代和应用发展需求。"Really 锐丽"55 英寸液晶拼接显示大屏幕系统拼接单元采用模块化结构，使得日后设备扩充变得非常简单。另外，多屏图像处理器采用开放式模块化结构，只需增加相应板卡，即可实现扩充功能。

⑥抗干扰原则：大屏幕显示系统应有可靠的抗干扰措施，不受其他系统的电磁干扰，也不对其他系统产生电磁干扰。"Really 锐丽"55 英寸液晶拼接显示大屏幕系统具有抗大气过电压、电磁波、无线电和静电等干扰。对强电磁场及静电具有良好的屏蔽和隔离作用。所有的电子部件均满足国家标准规定的电磁兼容性标准。所有产品在外界电磁场和静电干扰下，均不会出现任何画面跳动和扰动。

（2）液晶拼接显示系统的组成。整套液晶拼接显示屏显示系统主要由以下几部分组成。

①拼接机架及底座（用于保证所有液晶显示单元能够牢固并精确地组装，底座高度可定制）。

②纯高清"Really 锐丽"55英寸液晶拼接单元。

③外置多屏拼接处理器。

④高清混合矩阵、信号分配器、长距离传输信号收发器等（根据方案选配）。

⑤显示屏控制软件以及红外触摸显示系统（可根据现场系统情况定制）。

⑥拼接支架以及各种线缆。

液晶拼接单元具体参数如表1-2所示。

表1-2 液晶拼接单元具体参数

拼接显示单元	描述
单元尺寸及型号	55寸 RLCD-550P03-L3
亮度	500cd/m^2
拼接方式	3行×4列
单元尺寸	1 213.4mm（宽）×684.2mm（高）
拼接后总体尺寸	4 853.6mm（宽）×2 058.3mm（高）
显示单元分辨率	1 920×1 080
拼接后大屏幕总体分辨率	7 680×3 240

（3）液晶拼接显示系统的功能。

①外置多屏图像处理器可以通过网络实现各个系统之间的信息交换与共享，以及其他高分辨率计算机网络数字信号和模拟信号在大屏幕上任意位置以任意大小开窗口显示。

②通过外置多屏图像处理器可以实现多路AV视频信号和多路PC信号在大屏幕上任意位置显示。

③系统为开放式计算机应用平台，在大屏幕上可同时显示来自任意一台计算机上的图形信号，操作员可以对大屏幕进行远程操作控制。

④"Really 锐丽"55英寸液晶拼接显示大屏幕系统采用多屏图像处理器，具有接口齐全、功能强大的显示功能。

⑤通过控制计算机许可网络上的任一台计算机都可以操作大屏幕，实现图像的相互调用和控制。

⑥通过控制主机集中控制，对各通道任何一路信号均可切换自如。并可根据用户需要制定常用显示模式，实现简单灵活的使用界面；并支持多用户

操作，以及对用户的权限进行设定。

（4）液晶拼接显示系统的特性。55英寸液晶显示拼接大屏幕实现了一个梦想，即以往只能在高端桌面显示器上呈现的高分辨率、高亮度、高对比度、全视角、全色彩的优异显示性能，在超大型显示大屏幕上同样得以实现。

①采用韩国LG独有的IPS硬屏技术（IPS hard screen advantage）液晶面板，低功耗，高环保，高可视性，无水纹，无暗斑。

②采用最新一代的LED直下式背光技术，使显示器在亮度、色彩一致性、显示效果上超越传统的TFTL液晶面板。

③采用Shine-out滤光片能提供充足的亮度保证，画面清晰可见，鲜明亮丽。

④高亮度：$500cd/m^2$平均亮度，远高于背投影箱体和PDP显示器。采用防眩光技术，克服环境光干扰。

⑤超窄边边框："Really 锐丽"55英寸超窄边液晶的拼接缝只有3.5mm，确保显示图像的完整性。

⑥超薄机身、便于安装：液晶显示单元厚度仅为10cm，连同大屏幕安装支架，安装厚度仅为20cm，外观时尚美观。

⑦运行稳定、免维护：液晶拼接显示单元安装调试完成后，各单元亮度均匀、色彩一致无色差，且稳定运行6万h以上，基本无须任何日常调试，没有耗材（如灯泡）损耗。

⑧优越的性能价格比：以同等显示面积计算，液晶拼接大屏幕造价与高档DLP/LCD背投和LED相当，但如果计算5～10年内使用及维护成本，则"Really 锐丽"液晶拼接大屏幕建设成本将低于上述两者。

⑨超高物理分辨率：1 920×1 080物理分辨率，16∶9画面比例，轻松支持各级别PC信号，720P/1 080P高清视讯亦游刃有余。拼接单元的高分辨率，使整体大屏幕可显示海量信息。PC信号字符清晰，边缘平顺无毛刺，视频信号细节丰富，纤毫毕现。这也是液晶显示技术的显著优势之一。

⑩高对比度：500 000∶1动态高对比度，黑色深沉、白色纯净、彩色饱满浓艳，灰度层次分明，画面景深感、立体感极强，令人赏心悦目。

⑪全色彩显示：1 670万色全彩显示，传达动人心魄的纯美影像。基于全球领先第八代液晶基板的卓越技术，"Really 锐丽"数显液晶的色彩还原

度、饱和度极高，画面真实自然、栩栩如生。

⑫快速响应：响应时间 8ms（GTG），完全无拖尾。

⑬全视角观看：更宽的视角 PVA 技术即"图像垂直调整技术"，利用这种技术，可视角度可达双 178 度以上（横纵双向）。

1.2.2.3　农场园区全景式虚拟漫游模块

利用影像造景技术，建立覆盖整个农场园区的 360 度无缝高清互联网全景漫游系统，重点在田间道路、智能温室、冬暖大棚、精品果树、农场正门以及科研楼等区域，按照最小造景距离分别进行 360 度多点取景，实现影像无缝拼接和漫游路线设计，并在农场物联网管控云平台或农场门户网站中发布。用户只需在电脑上轻点鼠标，或在手机 / 平板上轻触屏幕，即可实现"人在画中游"式的全园区无缝漫游。对于领导来宾或合作单位人员，在来园区之前通过互联网就可以先期领略到园区风貌，有助于留下良好印象，提升整个农场的科技含量和外在形象。

（1）虚拟漫游技术概述。俗话说"百闻不如一见"，以图形的方式观察和认识客观事物，是人类最便捷的认知方式。人们所感受的外界信息 80% 以上来自视觉，由此可见图形技术的重要影响。

虚拟漫游是一种现代高科技图形图像技术，让体验者在一个虚拟的环境中，感受到接近真实效果的视觉、听觉体验，可以应用于基建工程展示、区域规划介绍、景区虚拟旅游、工厂漫游等。

虚拟现实技术可以与农场、科技馆、户外景区、特色建筑等进行完美的结合，充分发挥虚拟现实技术的种种优势，传统的声、光、电展览已经很难吸引观众的兴趣，而利用虚拟现实技术把枯燥的数据变为鲜活的图形，使三维可视化工程汇报和现场展演进入公众可参与交互式的新时代，引发观众浓厚的兴趣。

（2）虚拟全景漫游的特点。

①三维虚拟全景漫游系统以地理环境为依托，透过视觉效果，直观地反映空间信息所代表的规律知识；虚拟现实技术与物联网系统结合是现阶段实现"智慧农场、数字园区"的好方法。通过虚拟农场展现，让浏览者通过电脑或移动终端就能身临其境感受到优美的园区风光、良好的环境。

②三维虚拟全景漫游系统是基于图像的虚拟现实技术；所有场景都是真实空间中存在的场景，真实感强；还可以使用多边形热点或者媒体飞出效果

来展示农场的相关宣传画面。

③三维虚拟全景漫游系统可以成为农场的网上展馆，采用360度全景技术更全面地展示农场的环境、田间道路、办公建筑、作物长势以及建设成果等；还可以使用虚拟漫游功能，标示出每个地块、道路或建筑物的功能、状况等，方便了解更多的农场信息，扩大农场知名度，提高社会影响力。

④三维虚拟全景漫游系统通用性强，与其他多媒体制作软件兼容性良好、方便，支持丰富的制作形式和内容，为资料存档和展示提供方便。

⑤三维虚拟全景漫游系统可以放大、缩小，任意角度观看，可以让观赏者更真切感受农场全貌或者农场内展示的内容。

1.2.3 物联网综合管控云平台子系统

1.2.3.1 全彩小间距 LED（P2.5）显示及控制模块

在农场办公区域建设基于物联网的综合管控中心。在综合管控中心内，配置安装室内全彩小间距 LED 显示屏、视频编解码服务器、网络存储服务器、专用云端接入服务器以及交换机、机柜、UPS、操作台、PC 机等配套设备；围绕农场的科研、成果、生产管理和安全监控四大主题需求，开发建立农场专属定制的物联网综合管控云平台系统，并部署在综合管控中心内；同时，分别开发建立农场专用手机 App 客户端系统、农场微信公众服务系统、农场官方门户网站等配套应用系统，并与农场环境实时感知和智能控制系统、农场远程高清视频系统、农场全景网络漫游系统等一起实现与云平台的集成。云平台系统建成后，将实现如下功能：一是田间信息精准感知，监测数据随时随地掌握，显著提高科学效率。二是生产设施安全可控，现场或远程智能化控制，显著提高生产管理效率。三是全天候高清监控与智能报警，远程视频随时随地调取，显著提高安全管理效率。四是农场管理与服务有了专用便捷平台，信息发布、成果、宣传推广、形象展示、交流沟通等过程更加顺畅得力，显著提高服务保障效率。

系统架构如图 1-7 所示。

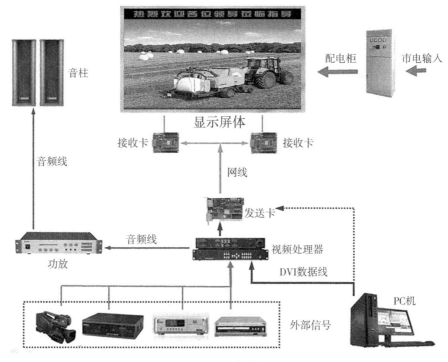

图1-7 系统架构

（1）主要技术参数。根据 LED 显示屏的安装位置和环境，并结合实际需求的情况、使用要求以及显示效果，设计 P2.5 全彩小间距 LED 显示屏方案，主要技术参数如表 1-3 所示。

表 1-3 LED 显示屏方案主要技术参数

2121 黑灯	颜色	品牌	型号	亮度	波长
	R	晶元	9×9mil	130～169mcd	620～625nm
	G	华灿	8×11mil	360～468mcd	515～520nm
	B	晶元	8×11mil	42～54.6mcd	465～470nm

（续表）

	参数类别			
屏体技术参数	最大功耗	700W/m²	使用环境	室内
	最佳视距	≥ 2.5m	盲点率	小于万分之三
	亮度	≥ 1 000cd/m²	屏体平均功耗	350 ～ 400W/m²
	屏幕水平视角	120°±10°	屏幕垂直视角	120°±10°
	像素点间距	2.5mm	每平方米密度	160 000Dots
	分辨率	64×64=4 096Dots	结构特点	灯驱合一
单元板技术参数	像素构成	1R1G1B	驱动方式	1/32 扫恒流驱动
	输入电压	4.8 ～ 5.5V	套件材料	聚碳酸酯 PC 料
	重量	285g	单元板功率	18W
	尺寸（长×宽×厚）	160mm×160mm×13.2mm	最大电流	3.6A
	换帧频率	> 60 帧/s	刷新频率	≥ 1 200Hz
系统参数	控制方式	计算机控制，逐点一一对应，视频同步，实时显示	亮度调节	256 级手动/自动
电气参数	电源输入电压	AC（220/100±15%）V		视实际需要而定
	电源输入频率	50Hz/60Hz		
	电源电气规格	5V×30A（40A、60A、80A）		
	数据传输途径	超五类网线		
	数据传输距离	国标网线 100m，多模光纤 500m，单模光纤 20km		
	工作湿度	≤ 90%		
	环境温度	–10 ～ 50℃		
	储存温度	–40 ～ 60℃		
适用环境	平均无故障时间	10 000h		
	使用寿命	100 000h		
	控制系统	同步控制系统		
	电脑配置	满足下列条件：主板必须拥有不少于两条 PCT 插槽和一条 PCI-E 插槽；有两个 USB 接口；要求配备有 DVI 接口输出的独立显卡		

（2）产品性能描述。本研究所用产品具有安全性高、可靠性高、稳定性高（使用寿命长）、亮度高、防静电、防潮、防腐等性能。

①安全性：LED 显示屏的组成材料是 LED 发光二极管。LED 发光二极管是国家认可的新型能源，其发光是通过电能转化为光能，不涉及有毒物质

汞等。另外，LED 发光二极管点亮的驱动电流为直流电流，电压为低电压，不会对人体产生危险。

②可靠性、稳定性：主要包括失控率、寿命等指标。LED 显示屏的寿命为 10 万 h，失控率为 0.1‰，无连续失控点。高可靠性指的是产品在规定条件下和规定时间内，完成规定功能的能力。LED 失效类别主要有严重失效和参数失效。而寿命是产品可靠性的表征值。如果 LED 显示屏厂家想要在显示屏质量上得到好的控制就需要做好以下两点：延长耗损失效时间；减少失控率。LED 显示屏还具备高显色性、高光效、高可靠和低成本四大技术优势，将提高能效和光色质量作为全彩 LED 显示屏的更高要求，从而真正为人们提供产品上的需求性。

③亮度：为本研究设计的亮度达 1 000cd/m^2 以上。亮度是指 LED 显示屏单位面积所发出的光强度，此亮度值为白平衡亮度值。红、绿、蓝 3 色的亮度必须平衡才能准确地还原真实色彩。

④防雷、防静电：显示屏设备保证接地良好，所有金属箱体及后盖均有单独接地端子，端子连接位置清除油漆，紧固件采用棘皮垫片确保可靠接地；采用 4 层 PCB 板等措施，在设计中尽量加大电路的接地面积，使系统接地电阻≤1Ω。另外，在专用的配电柜中，设计并安装了三相四模块的电源避雷器，从而保证了配电柜免受雷击。

⑤防水性：为本研究设计的 IP 防护等级达到 IP45。防护等级系统是由国际电工委员会（IEC）所起草。将 LED 显示屏依其防尘、防止外物侵入、防水、防湿气的特性加以分级。这里所指的外物包含工具、人的手指等均不可接触到灯具内带电部分，以免触电。

⑥防潮、防腐：显示屏产品在塑胶模块内嵌入式加工后的电路板，采用进口封胶对模组表面进行正面灌胶，之后加装遮阳罩。模块在出厂前经严格的防水效果试验，可正面浸泡在水中 10min。本研究设计的显示屏的显示效果、稳定性等全部技术指标达到国内先进水平。另外，箱体之间涂有密封胶，使空气中的水蒸气无法浸入 LED 显示屏体。箱体的外壳经内外喷塑处理，可抵抗各种酸、碱、盐和腐蚀性气体（氯气）对外壳的侵蚀。

相信只有 LED 厂家从最基础的做起，从生产的各个环节，加上各个显示屏各个材质供应环节的配合，才能完全提高 LED 显示屏的综合质量。

（3）产品主要优势。

一是采用 LED 优质管芯，产品具有视角大、功耗小、亮度高、稳定性好的优点。

二是产品的生产全部采用防静电无尘车间作业，提高产品的寿命，产品运行 2 年无明显衰减。

三是生产工艺焊接全部选用无铅焊锡焊接，环保可靠。

四是单元板产品采用的塑料套件材料为 PC 加纤，显示屏产品温度过高也不变形。

五是印制电路板（PCB）基材采用国际 A 级料，厚度 1.6mm，铜厚 1 ~ 1.5 盎司（OZ），过孔铜厚大于 0.5 盎司。保证良好的导电性能。

六是显示屏控制系统的配置使得显示屏具有 480Hz 以上的刷新频率，保证观看无屏闪。

七是产品出厂前经过防护等级测试，在相对恶劣环境下可保证长期安全运行。

①逐点校正技术：该技术方案由以下几个部分组成。

一是内置 256 级灰度控制和亮度校正的 32 位恒流驱动芯片。

二是发光二极管亮度自动校正仪。

三是配套的独立视频控制系统通过逐点校正方案，可以精确地校正发光二极管的亮度。而逐点校正方案，采用专用的光学探头对芯片进行精确的测量，可精确设定红色、绿色、蓝色的目标亮度以达到最佳的颜色配比。

②视角：参考 LED 显示屏安装的位置和发光器件供应商提供的技术指标，可以保证屏幕系统的水平可视视角超过 120º，上下视角大于 60º；可以保证在一个较大的合理区域内分布的人群均具有较佳的观看效果。

③对比度：对比度是人工重现图像的一个非常关键的指标，如果对比度达不到要求，图像重现的层次感和颜色感无从谈起，根据屏体安装施工现场环境的要求，屏幕图像对比度至少要保证不小于 2 000，才能获得较为满意的视觉效果。为了获得较高的对比度有两种方法可以选择。

一是提高 LED 亮度，这也是提高对比度的主要方法。

二是降低屏幕表面的光反射系数，对于表面光反射系数的控制对面罩进行了独特的设计，可满足控制光反射的要求。

④驱动芯片——MBI5020：为实现项目要求，LED 驱动芯片采用聚积 MBI5020。主要是因为 MBI5020 采用 PrecisionDrive 技术以改进电气特性。MBI5020 是利用最新硅半导体技术，专为 LED 显示面板设计的驱动 IC，它内建的 CMOS 位移缓存器与栓锁功能可以将串行的输入数据转换成平行输

出数据格式；MBI5020 的 16 个电流源可以每个输出极提供 5～90mA 恒定电流量以驱动 LED。

1.2.3.2 物联网云平台及移动端 App 模块

物联网综合管控云服务平台将与山东省农业科学院研发的"智农云平台"实现网络互联互通和数据对接融合。无论是在农场管控中心还是在山东省农业科学院创新大楼，均可实现无差别化的农场现场数据信息服务和实时视频查看。山东省农业科学院院内相关研究单位的科研人员，在其各自权限范围内，均可通过电脑、手机或平板等设备，随时掌握农场田块或温室大棚内的现场情况，并可随时进行浇水、卷帘、卷膜、通风、补光等远程控制。

（1）农场物联网云平台。将基于现有的智农云平台系统进行开发，该软件的主要功能模块如图 1-8 所示。

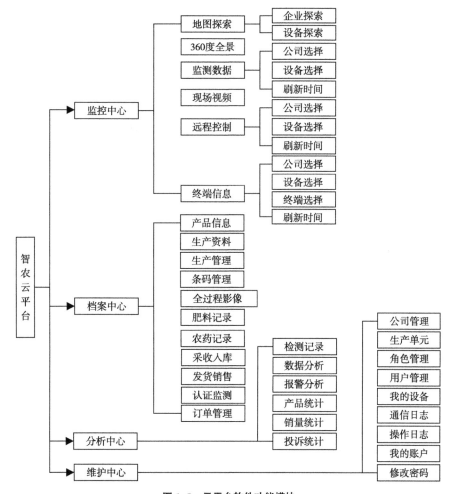

图 1-8　云平台软件功能模块

通过该平台软件，用户只要具备上网条件，即可随时随地通过计算机互联网或移动终端实现对农场环境信息的远程监测和控制。以下为该平台软件的主要操作过程。

首先在浏览器中输入云平台网址进行登录，登录界面如图1-9所示。

图1-9 登录界面

在登录界面输入用户名、密码、验证码，点击登录。若用户名和密码正确无误，通过验证后将出现默认界面，对应用企业的位置信息与设备信息进行展示。

①企业信息管理：点击展开的"维护中心"，点击"公司管理"中"编辑"，打开公司信息编辑界面。公司信息编辑界面中可对公司名称、产业类型、所在城市、联系人、联系电话、经纬度、全景视频URL地址、射频设备信息进行维护更新。

点击"角色管理"，打开"角色管理"界面，此界面中可查看已添加的角色。点击"删除"可删除已有的角色信息，点击"编辑"可对已有的角色信息进行更新和维护，点击"赋权"可对每一个角色赋予相应的权利。"添加角色信息"选项卡可添加不同的角色信息，如企业管理员、生产信息员、采收销售信息员等不同角色。

点击"用户管理"，打开"用户管理"界面，可查看当前应用企业的所有用户信息，通过"编辑"可对原有的用户信息进行维护与更新，通过"删除"操作可删除已有的生产单元信息。若需添加用户信息，可在"添加用户信息"选项卡中分别添加用户编码、用户名称、联系方式、邮箱、QQ号码等信息，并选择所属公司及角色，点击保存即可添加。用户编码是登录"智农云平台"所使用的用户名，用户名称是用户的姓名或者职务等具体信息。

②生产单元管理：在"维护中心"模块中，点击"生产单元管理"，打开"生产单元管理"界面，可查看当前应用企业的生产单元信息，通过"添加生产单元信息"，可以添加新的生产单元信息，通过"编辑"可对原有的生产单元进行维护与更新，通过"删除"操作可删除已有的生产单元信息。生产单元信息主要包括生产单元名称、编码、面积、管理人员等。

③设备管理：在"维护中心"模块中，点击"我的设备"，打开"我的设备"界面，可查看当前应用企业的设备信息（网关设备），通过"添加设备"，可以添加新的设备，通过"编辑"可对原有的设备信息进行维护与更新，通过"删除"操作可删除已有的设备，通过"设备终端管理"可查询、更改和维护现用的网关设备所附属的采集/控制终端信息。设备信息主要包括设备 UID、公司名称、生产单元、设备名称、位置、经纬度等。

④测控终端设置：在"我的设备"模块中，点击"测控终端管理"，打开"终端设备管理"界面，可以查看部署在当前生产单元的所有采集/控制节点的基本信息，并且通过"添加终端"与"编辑"选项，可以对节点的参数进行维护更新。主要设置内容包括终端 UID、终端类型、终端名称、数据类型、数据显示前/后缀等参数。

⑤控制终端设置："控制终端设置"与"测控终端设置"相同，均在"我的设备"模块中，点击"测控终端管理"，打开"终端设备管理"界面，不同的是在添加终端时选择的终端类型为控制设备。添加完成后需进行指令维护，在指令维护时，需添加指令内容及控制类型。为确保不被随意控制，控制终端需添加控制口令，在需进行控制时需首先输入控制口令，然后进行控制。

⑥报警参数设置：在"我的设备""测控终端管理"中，点击"阈值维护"打开"阈值维护"界面，可以查看部署在当前生产单元该采集节点的阈值，并且通过"添加阈值"与"编辑"选项，可以对该节点的阈值进行维护更新。主要设置内容包括阈值类型、报警时间段、阈值上下限等参数。

实测参数超过或低于所设阈值便会报警，报警参数主要针对不同采集节点的监测数值在不同时段内对作物生长的适宜性区间。用户可以根据不同作物的生长特性，在一天当中划分出多个时段，分别设置每个时段内的环境因子报警阈值。

⑦生产信息管理：

添加产品信息：在"档案中心"中，点击"产品信息"打开"产品信息"界面，此界面中可查看产品编码、公司名称、品种名称、产品介绍、创建时间等信息。通过点击"编辑"选项可对产品信息进行维护更新，通过点击"产品指标选项"可对产品的指标信息进行维护更新，通过点击"添加产品信息"选项可添加新的产品信息。

添加生产资料：生产资料是作物生长过程中所使用的肥料、农药等信息，点击"生产资料"选项可添加生产资料信息，此界面可查看公司名称、资料类型、资料名称、购进日期、状态等信息。通过"编辑"选项可对生产资料信息进行维护更新，"删除"选项可删除已添加的生产资料信息，"添加生产资料"选项可添加新的生产资料信息，需添加的信息包括资料类型、资料名称、资料品牌、供应商、资料批次、购进日期等。

添加生产管理信息：生产管理信息是指生产单元中的种植信息（生产记录）。点击"生产管理"打开"生产管理"界面，在此界面中可查看已添加生产记录，如公司名称、产品名称、定植日期、记录时间、生产批次号等信息。"编辑"选项可对生产记录信息进行维护更新，"删除"选项可删除已添加的生产记录信息，"添加生产记录"选项可添加新的生产记录信息，需添加的信息包括产品品种、定植日期、生产分布等信息。

肥料记录管理：在生产过程中，若需使用肥料，需在平台中添加相应的信息，以便追溯查询。点击"肥料记录"选项，可查看生产批次号、肥料品牌、肥料名称、使用日期、使用数量等信息。"编辑"选项可对已添加的肥料信息进行维护和更新，"删除"选项可删除已有的肥料信息记录。在此界面中，可选择肥料种类查询使用此肥料的生产批次信息，也可选择生产批次来查看此生产批次使用的肥料信息，同时也可指定时间段来查看该时间段内各批次使用的肥料信息。"添加肥料记录"选项可添加新的肥料信息，此选项卡中需添加肥料信息、生产批次、使用日期及使用数量等信息，点击"确定"即可保存新添加的信息。

农药记录管理：在生产过程中，若需使用农药，需在平台中添加相应的信息，以便追溯查询。点击"农药记录"选项，可查看生产批次号、农药品牌、农药名称、使用日期、使用数量等信息。"编辑"选项可对已添加的农药信息进行维护和更新，"删除"选项可删除已有的农药信息记录。在此界面中，可选择农药种类查询使用此农药的生产批次信息，也可选择生产批次来查看此生产批次使用的农药信息，同时也可指定时间段来查看该时间段内各生产批次使用的农药信息。"添加农药记录"选项可添加新的农药信息，此选项卡中需添加农药信息、生产批次、使用日期及使用数量等信息，点击"确定"即可保存新添加的信息。

过程影像管理：在生产过程中，若需查看或保存生产关键时刻视频或图像信息，可通过"全过程影像"选项完成，点击"全过程影像"选项，可查看批次号、过程名称、影像日期、影像地点、文件类型、创建时间等信息。"编辑"选项可对已添加的过程影像信息进行维护和更新，"删除"选项可删除已有的过程影像信息记录。"添加过程影像"选项可添加新的过程影像，此选项卡中需添加批次号、过程名称、影像日期、影像地点、文件类型等信息，并需提交与文件类型相符的文件，点击"确定"即可保存新添加的影像信息。

条码管理：从定植、采收到销售均通过条码联系在一起，点击"条码管理"打开条码管理界面可查看已自动生成的条码信息（生产批次号、采收批次号、销售批次号、溯源码）。在此界面中，可按批次号或者时间段进行查看，如图 1-10 所示为条码打印机打印出的溯源二维码。

⑧环境监测：

图1-10 打印溯源码

在"监控中心""监测预览"选项界面，可分别查看各个网关节点设备所上传的各个采集终端的实时数据，系统在指定刷新周期（时间可选择）刷新相应应用单元内采集的各种环境因子的监测数据，以图形化方式显示并刷新各参数报警状态。此界面中同时能够显示当前应用单元的视频监控，系统提供实时视频监控、抓图以及录像等功能。

在"监控中心""监测数据"选项界面中，可分别查看当前应用企业的各个生产单元设备上传各个参数的数据变化曲线，并可以以折线、柱状图进行显示，可根据需要查看最近一分钟、最近一小时、最近一天、最近一月、最近一年及全部数据的变化曲线，也可将此曲线图进行图片保存，根据此曲线可实时掌握生产单元内各环境因子的变化趋势。

在"监控中心""终端信息"选项界面中，首先选择设备，然后选择终端便可查看该网关设备下某一个特定终端的数据信息。与"监测数据"选项界面相似，该界面下也可根据需要查看该终端最近一分钟、最近一小时、最近一天、最近一月、最近一年及全部数据的变化曲线，也可将此曲线图进行图片保存。

（2）农场移动终端 App 软件。该软件由 Android 客户端程序和服务器两部分组成，Android 客户端程序支持 Android4.4 及以上版本。该软件支持云平台中所有生产过程数据采集、环境信息监测功能。通过该软件可随时随地查看设备的工作状态、数据监测及报警信息，也可作为生产过程信息的采集终端，方便使用。

①系统登录：如图 1-11 所示，"智农云端"为多终端信息监测 App 软件图标，点击该图标打开如图 1-12 所示用户登录界面，输入使用者账号及密码后，程序会将登录账号和密码由 MD5 加密后统一以 POST 方式提交给服务器端进行验证，如果校验通过，则进入"智农云端"应用程序的主界面，否则提示登录错误。

图 1-11　App 安装图标

图 1-12　App 登录界面

　　②生产过程信息管理：登录成功后，点击"档案"选项卡可进入档案管理界面，如图 1-13 所示，在该界面中可进行过程影像、肥料记录、农药记录、采收入库、发货销售、认证检验等相关的信息采集。

图1-13　档案管理界面

过程影像信息添加：点击图1-13所示"档案"选项界面中"过程影像"图标，可录入果蔬生产关键点的影像信息，为区分所录入信息属于哪一生产批次，需首先输入生产批次信息。如图1-14所示为生产批次号，生产批次号为由数字、字母组成的18位识别号码，为防止手工录入时错入、多/少录入一位或几位数据，该App在录入生产批次号信息时可通过扫码的形式自动识别并录入生产批次号。生产批次号录入完成后可填写相应的信息（生产过程名称、影像日期、影像地点、影像说明，如图1-15所示），并通过本地或者现场拍摄方式获取影像，影像信息获取完成后点击"上传记录"，新的影像信息便已上传到远端服务器。

图1-14 生产批次号

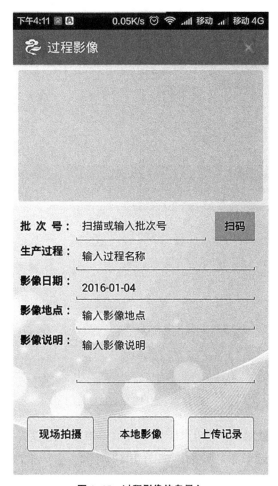

图1-15 过程影像信息录入

肥料记录信息录入：点击图1-13所示"档案"选项界面中"肥料记录"图标，进入肥料记录添加界面，如图1-16所示。生产批次的录入与过程影像中相同，扫描图1-14所示的批次号条形码即可自动录入，肥料种类中选择相应的肥料类型，输入使用日期及使用数量，点击"保存"即可将新添加的肥料记录信息上传至远端服务器。

图1-16 肥料记录信息录入

农药记录信息录入：点击图1-13所示"档案"选项界面中"农药记录"图标，进入农药记录添加界面，如图1-17所示。生产批次的录入与过程影像中相同，农药种类中选择相应的农药类型，输入使用日期及使用数量，点击"保存"即可将新添加的农药记录信息上传至远端服务器。

图 1-17　农药记录信息录入

　　采收入库信息录入：点击图 1-13 所示"档案"选项界面中"采收入库"图标，进入采收入库添加界面，如图 1-18 所示。生产批次号的录入与过程影像中录入方式相同，完善采收产品的名称、产品规格等级、采收日期、入库数量、送交人、保管人等信息，点击保存信息即可存入远端服务器，同时远端服务器会自动生成此次采集的采集批次号。

图 1-18 采收入库信息录入

发货销售信息录入：点击图 1-13 所示"档案"选项界面中"发货销售"图标，进入发货销售添加界面，如图 1-19 所示。采收批次号的录入与过程影像中生产批次号的录入方式相同，补充销售产品的名称、产品规格等级、发货日期、发货数量、发货人、收货方、运货人及车牌号等信息，点击保存信息即可存入远端服务器，同时远端服务器会自动生成此次销售的销售批次号。

图 1–19　发货销售信息录入

认证检验信息录入：点击图 1–13 所示"档案"选项界面中"认证检验"图标，进入认证检验信息添加界面，如图 1–20 所示。批次号的录入与过程影像中录入方式相同，此处录入采收批次信息，完善认证检验名称及认证检验部门、检验日期，并通过现场拍摄或从本地获取检验图片信息点击"上传记录"便可将新的检验记录保存在远端服务器中。

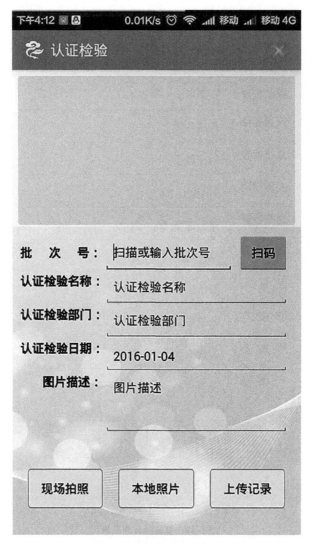

图 1-20　认证检验信息录入

③信息监测与远程控制：

数据监测：在应用软件的"监测"选项中列出了已在系统中配置的全部生产单元列表及每个生产单元中终端的数量，如图 1-21 所示。点击列表中的某一生产单元后，则会显示对应当前生产单元的各终端实时监测信息。双击某一终端数据可查询当前终端一天、一周、一月、一年内的历史数据走势图。

图 1-21　数据监测信息查看（手机）

　　为方便数据的查看，该 App 支持不同的使用终端，如图 1-22 所示为 Android 平板电脑上显示效果，图 1-23 所示为 Android 系统智能电视上的显示效果。

图 1-22　数据监测信息查看（平板电脑）

图 1-23　数据监测信息查看（电视）

现场视频查看：在应用软件"监测"选项卡下每一个生产单元中均有一个监控视频。点击列表中的监控视频，则会显示对应当前监控设备的实时视频画面，如图 1-24 所示。用户可以在查看视频的过程中随时截图或录像，相应图片或视频文件将保存在手机 SD 存储卡中。此外，用户还可以根据监控的需要，上下左右等多个方向灵活地调整视频画面的监控角度。视频画面播放流畅度较好，2G 网络下依旧能够流畅地观看视频。

图 1-24　实时视频界面

报警信息查看：在应用软件中数据查看及信息录入的同时，系统会根据已设定的阈值报警，如图 1-25 所示，当数值处于报警阈值内时，表征状态的小球颜色为绿色；当数值高于阈值上限时，小球颜色变为红色；当数值低于阈值下限时，小球变为蓝色；同时，若数据不在设定阈值范围内，手机（平板电脑）会震动提示，并且在"报警"选项界面下会分别列出。

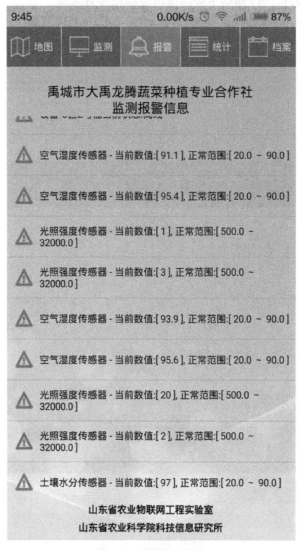

图 1-25　报警显示界面

信息统计：点击"统计"选项可进入信息统计界面，如图 1–26 所示，在该界面中可对产量、销量的信息进行统计，也可对终端报警信息及终端采集数据进行分析，若终端报警次数较多，需增加对该终端的关注。如图 1–27 所示，为产量统计的柱状显示图。

图 1–26　统计界面

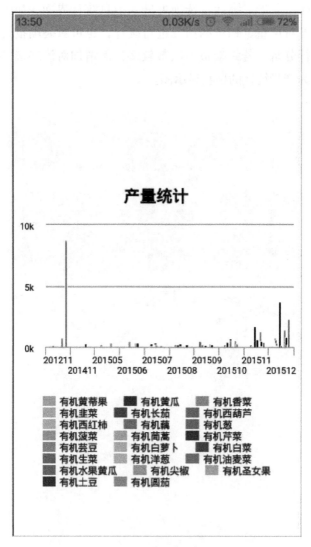

图 1-27　产量统计柱状图

设备控制：在应用软件"监测"选项卡下每一个生产单元中均有相应的设备控制项。点击列表中的控制选项，则会显示对应当前设备的控制信息，如图 1-28 所示为卷帘设备的控制信息。该控制方式实现了无人值守的设备控制，点击"卷帘"后，卷帘设备自动开启，在卷帘全部打开后设备会自动停止运行，并反馈此时的设备状态。以此种方式可对种植单元中喷淋设备、灌溉设备、通风设备及补光设备进行控制。

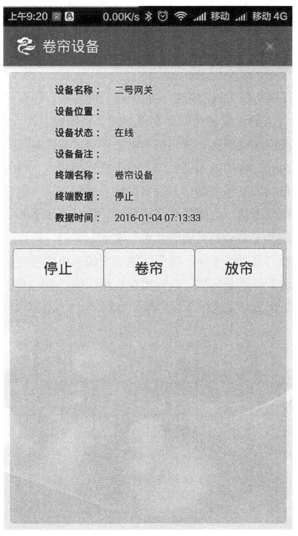

图 1-28 控制界面

1.2.4 农场无线网络全园覆盖子系统

与农场远程视频监控系统建设相结合，在各地块或科研办公区的监控摄像机安装支架上增配无线网络覆盖设备，实现农场内全园上网覆盖，方便科研人员、管理人员及来访人员等的上网需求。地块的无线网络覆盖范围，可依不同研究所为基本单元分别进行配置；科研办公区的无线网络覆盖范围，可依楼内和楼外两个基本单元进行配置。在农场网络出口方面，建议申请互联网专线光纤进楼，具体网络带宽届时以详细设备清单测算结果为准。在网络运营商选择方面，为保障与农场管理部门互联效果，建议与农场管理部门采用同一网络运营商，如图 1-29、图 1-30 所示。

无线网络覆盖系统介绍：

Wi-Fi 无线网络作为目前最普及的无线上网技术，拥有最大的终端占有量，也是最为经济的无线移动上网实现方式。农场内工作人员携带的手机、平板电脑，甚或网络电视机、照相机和电子表等，都普遍集成了 Wi-Fi 无线网络客户端。因此，农场内如提供 Wi-Fi 无线网络接入，将为以后的科研人员和工作人员提供随时随地的、方便自如地上网服务。方便每个人在农场工作和参观时拍照发微博、上网联系或者处理科研及工作事务等。同时，参观者可方便地将举办的活动、美丽的景色、欢乐的瞬间，都发送到网络交流平台上，与亲朋好友及网民互动，感受网络交流的乐趣。通过 Wi-Fi 无线网络覆盖，可以实现景区重点区域、路口监控视频回传；通过 Wi-Fi 无线网络覆盖，可以实现景区语音系统的无线传输，如图 1-31、图 1-32 所示。

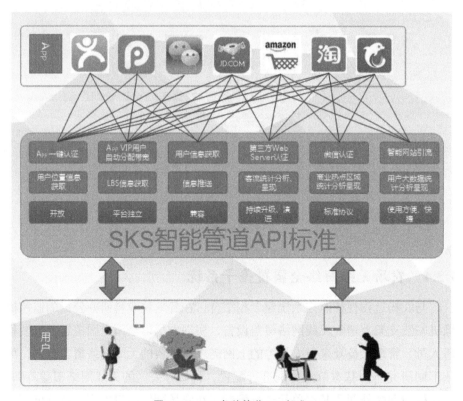

图 1-29　SKS 智能管道 API 标准

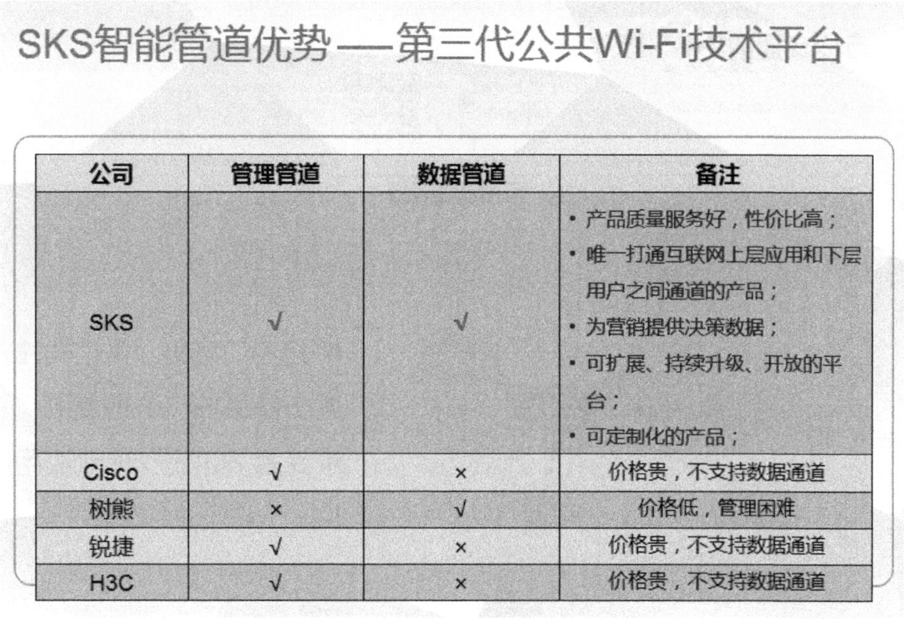

SKS智能管道优势——第三代公共Wi-Fi技术平台

公司	管理管道	数据管道	备注
SKS	√	√	• 产品质量服务好，性价比高； • 唯一打通互联网上层应用和下层用户之间通道的产品； • 为营销提供决策数据； • 可扩展、持续升级、开放的平台； • 可定制化的产品；
Cisco	√	×	价格贵，不支持数据通道
树熊	×	√	价格低，管理困难
锐捷	√	×	价格贵，不支持数据通道
H3C	√	×	价格贵，不支持数据通道

图 1-30　SKS 智能管道优势

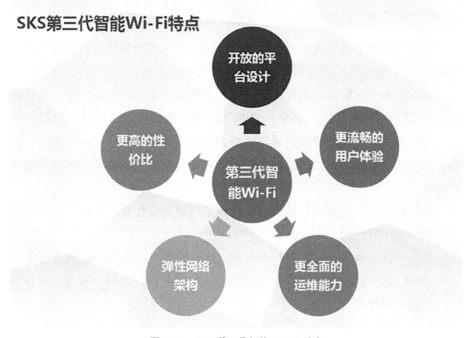

图 1-31　SKS 第三代智能 Wi-Fi 特点

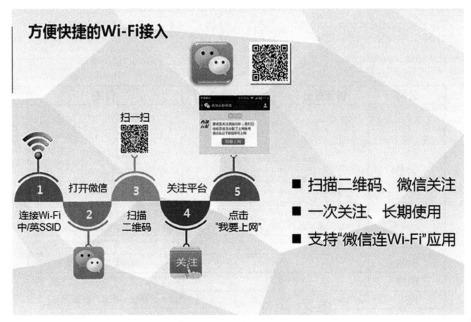

图 1-32　方便快捷的 Wi-Fi 介入

1.2.5　农田双向语音对讲子系统

为了方便每个地块使用者方便及时地找到农场的相关负责人，计划在农田布设 16 套农田双向语音对讲子系统，主要布设位置在主干道以及休息区。为了能实现每个安装点与主控中心的点对点通话，结合现有的网络，布设安装 IP 网络通话终端设备，如图 1-33 所示。整套系统可以实现以下功能。

◎报警对讲与视频联动；通过网络摄像头观看现场和休息区的情况，快速掌握现场情况；用监控摄像机小范围地搜索，帮助现场的人员解决实际生产中的问题。

◎广播喊话：值班人员通过监控发现某些地方发生异常情况，可主动喊话，通知地块附近的工作人员。

◎在不同的地块之间可以双向对讲，达到信息互换及时沟通的目的。

◎在空余时间可以针对农场园区播放一些农业科技新闻、政策、专业知识、背景音乐等。

图 1-33　农田双向语音对讲系统

1.2.5.1　系统的功能设计

（1）通话模式。

①双向免提通话：指挥中心桌面式对讲寻呼站与地块的对讲终端呼叫接通后，立即以免提方式全双工实时语音通话，并有回声消除功能，如图1-34所示。

图 1-34　双向免提通话

②双向耳麦通话：指挥中心桌面式对讲寻呼站可外接耳机麦克风，适用于高噪声环境或不希望影响他人时通话，如图 1-35 所示。

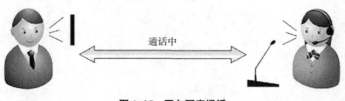

图 1-35 双向耳麦通话

（2）对讲方式。

①一键求助对讲：每个地块的对讲终端一键启动对讲，快速与值班室或指挥中心进行对讲通话，对讲通话延时小于 30ms，如图 1-36 所示。

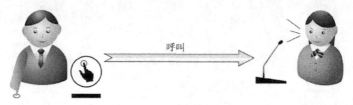

图 1-36 一键求助对讲

②数字键拨号对讲：值班室通过桌面对讲寻呼站的数字键拨号，可与任一地块的对讲终端进行对讲通话，对讲通话延时小于 30ms，如图 1-37 所示。

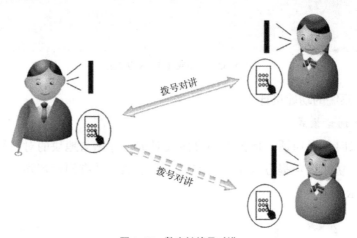

图 1-37 数字键拨号对讲

③组对讲请求：可设置控制室的对讲终端同时向多个地块对讲寻呼站发起实时对讲通话请求，当发起对讲通话请求时，多个地块对讲寻呼站可接

听，同时结束发起终端对其他接收端终端的对讲请求，如图1-38所示。

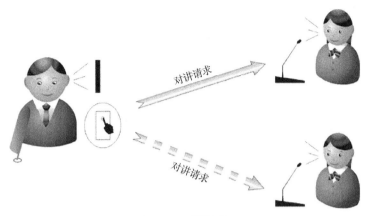

图1-38 对讲请求

（3）接听模式。

①自动接听：可设定被呼叫的对讲终端在振铃响铃1次后自然接听对方通话语音，振铃可以选择并能增加或删除，如图1-39所示。

图1-39 自动接听

②手动接听：被呼叫的对讲终端连续响起振铃，直到有人手动按下接听键为止，如图1-40所示。

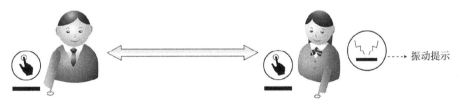

图1-40 手动接听

（4）呼叫转接。

①占线转接：被呼叫的对讲终端正在与其他区域的对讲终端通话时，可自动转接到另外一台指定的终端，如图1-41所示。

②关机转接：当被呼叫的对讲终端处于关机或未连接的状态时，可自动转接到另外一台指定的终端。

③无响应转接：当被呼叫的对讲终端在指定的响铃次数后未接听，可自动转接到另外一台指定的终端。

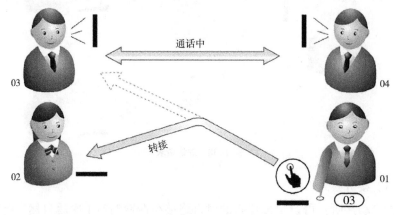

图 1–41　呼叫转接

（5）呼叫级别。

①呼叫强插：对讲和紧急求助可设置优先级别，高级别的用户可以中止并插入低级别用户的对讲通话，如图 1–42 所示。

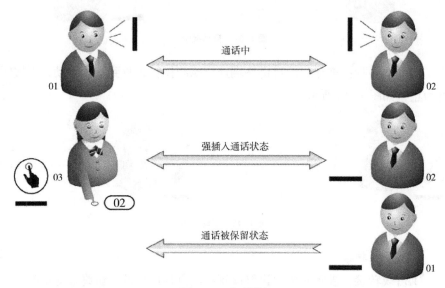

图 1–42　呼叫强插

②呼叫等待：被呼叫的同优先级别的终端如果正占线，终端会处于占线等待状态，同时终端会有呼叫占线等待提示音进行提示，若干秒（可随意设置时间长短）后占线空出，会自动接通对讲讲话，如图1-43所示。

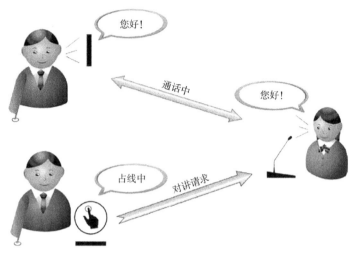

图1-43　呼叫等待

③通话强拆：系统的管理员可以强行取消正在进行的任何对讲通话，如图1-44所示。

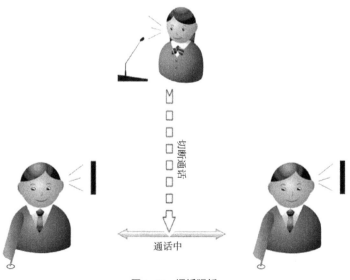

图1-44　通话强拆

（6）呼叫提醒。呼叫接听等待时有声音、文字、灯光3种提醒方式，如图1-45所示。

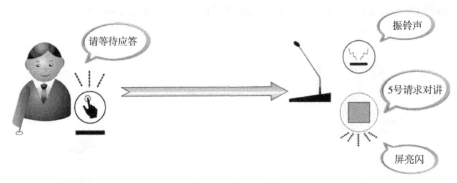

图1-45 呼叫提醒

（7）掉线显示。系统支持对讲终端掉线后，软件界面出现"气泡"提示，如图1-46所示。

图1-46 掉线显示

（8）广播。指挥中心桌面式对讲寻呼站可以对各个地块的对讲终端、单个终端、多个或整个区域进行广播寻呼，如图1-47所示。

图1-47 广播

（9）监听。值班室的对讲终端内置拾音麦克，可以在指挥中心或值班室监听对讲终端周围环境的声音实况，如图1-48所示。

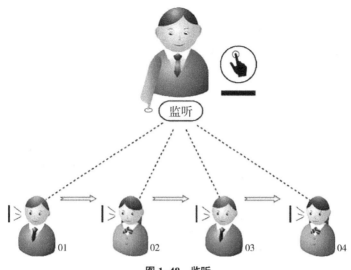

图 1-48　监听

（10）背景音乐。对讲终端可外接扬声器，播放语音信息和背景音乐，对讲时自动停止播放，支持实时、定时、触发播放，如图 1-49 所示。

图 1-49　背景音乐

1.2.5.2　系统的主要优势

（1）施工布线简单。无须独立另外组建网络，可与视频监控网络、计算机网络、IP 电视网络、IP 电话网络等多系统共网，大大减少施工成本。

（2）多级管理。支持中继服务器和多级服务器工作模式，增加系统服务器，提升系统平台的负载能力，可支持上万个 IP 终端同步在线语音通话，上千个 IP 终端同步在线播放节目。

（3）音质一流、延时小。网络传输节目音频音质接近 CD 级（44.1kHz，16bit），音频网络传输延时小于 30ms。

（4）支持离线播放功能。支持断网、断服务器的主动接管任务技术，可实现终端断线自动播放功能。

（5）支持 Wi-Fi 点播功能。短信接入网关是通过手机发送短信至短信猫，短信猫接收到短信后通过系统转换成语音文件广播到指定的终端，或者由设定任意终端触发系统报警，报警任务预置好相应信息经短信猫发送到设定好的电话号。

（6）支持 SDK 二次开发。软件支持第三方平台嵌入式开发，提供标准的 MFC 动态链接库，实现与其他系统平台整合（例如门禁系统、监控视频系统等）。

（7）传输距离远，减少信号衰减。利用网络传输，音频传输距离无限制，音频不受距离的影响，解决传统广播系统传输距离远、音频信号损失大、音质变差等问题。

2

果园精准喷药机器人装备

2.1 研究概述

2.1.1 研究背景

随着农业产业结构不断优化调整，水果生产已经成为农民增收致富的重要途径。中国的水果生产在世界上位居前列，这不仅仅体现在种植面积上，水果产量也位居世界第一。根据《中国农业统计资料（2014）》报道，2014年我国水果种植面积以及产量实现了 12 年连续增长。到 2014 年为止，我国的水果种植面积为 $1.312 \times 10^7 hm^2$，而我国的各类水果产量为 $1.658\ 8 \times 10^8 t$。同 2013 年的种植面积和产量相比分别增加了 6.11% 和 5.18%。其中，苹果是我国产量第一的水果，2014 年产量为 $4\ 092.32 \times 10^4 t$。但是，由于我国果园生产管理过程中机械化、自动化水平较低，果园管理一直都是以人力为主，属于劳动密集型产业，人工成本占比高，尤其是打药环节，苹果一个种植季要打七八遍药，500 多亩果园打一次药要雇 20 多个人干七八天才能打完。以苹果生产为例，发达国家苹果生产用工为 $28 \sim 38h/667m^2$，而我国则需要 $200h/667m^2$ 以上。近年来，我国人口红利逐渐消失，随着人口老龄化时代的到来，以及农村青壮年劳力向城市和其他行业转移，果园劳力成本逐步增高，受人力成本大幅飙升等因素影响，产业综合效益有所下滑，产业发展增长乏力。

虽然世界各国果业生产情况不尽相同，走过的道路也不一样，但随着全球范围内果园劳力成本的日益增高，研发和应用各种智能化的机器人作业装备，进行机械化和省力化栽培已成为世界各国共同的发展趋势。随着机器人技术、自动控制技术、机电一体化等技术的发展，以及国家对农业加大投入补贴，我国的果园自主导航植保机器人迅速崛起。使用果园自主导航植保机器人作业可以大大降低果农的劳动强度和生产成本，提高生产效率，减少植保作业对人体的伤害，解决农业劳动力不足等问题。

2.1.2 国内外研究现状

从 20 世纪 80 年代开始，日本、美国等发达国家纷纷开始研发农业机器人。我国在 1986 年制定的"863 计划"中也开始了对农业机器人及其相关课题的研究。目前各个国家研发成功的农业机器人主要包括以下几种：农产品采摘及收获机器人、嫁接机器人、移栽机器人、农产品分级机器人、挤奶机器人、耕耘机器人、除草机器人、变量喷洒机器人、剪羊毛机器人、修剪机器人、育苗机器人等。越来越多的农业机器人被研制出来，并逐步应用于农业生产中。

果园机器人属于农业机器人的一种应用类型，通过在果园机器人上加装末端执行器，可以进行水果的采摘及收获、分级、变量喷药、果枝嫁接、果树修剪等操作。

相对于工业机器人以及其他农业机器人，果园机器人的工作环境和作业对象不确定性很大，这给果园机器人的研制尤其实际应用带来很大困难。首先，在果园中果树枝条的生长方向呈各向不确定性，并且随着时间以及人为修剪不断生长变化，这就给果园机器人的导航带来很大困难；其次，在进行果园喷药时，由于果树枝叶繁茂，要给果树均匀喷药同样面临很大挑战；同样，在进行果实采摘时，不同类型果实的识别、已成熟果实和未成熟果实的识别、被枝叶挡住果实的收获、收获机械手的路径规划、收获装置对果实的伤害等都需一一解决；还有果园的露天环境同样给机器人的研制带来困难，果园机器人的研制还必须得考虑天气所带来的影响。如果机器人是在山林地带工作，还需提高机器人在复杂地形的生存能力。

20 世纪 70 年代日本就开始了果树剪枝机器人的研发，到现在已经研制成功的型号有 AB350R、AB231R 和 AB170R 等，日本还研究出了具有不同用途的果园机器人，如葡萄采摘机器人、橘子采摘机器人、樱桃采摘机器人、草莓采摘机器人。日本东京大学开发了一种水果产量和质量测绘机器人，用于温室大棚内水果和蔬菜产量和质量的估计。日本北海道大学研制了一种拖拉机机器人，他们采用二维激光扫描仪对机器人行驶道路两侧的果树进行扫描，从而得出机器人的行驶路径。其他西方国家也展开了大量研究，以色列技术工程学院对果园机器人在复杂果园环境下行驶的最优路径规划算法进行了研究。美国佛罗里达大学开发了一种柑橘果园机器人，该机器人主要针对柑橘树丛对 GPS 导航信号的屏蔽，分别用激光雷达导航和机器视觉导航进行了试验，并在前轮加装了旋转编码器用来反馈前轮转过的角度，能实现机器人的直线以及曲线导航。

我国对果园移动机器人的研究起步比较晚，但近年来发展比较迅速。最近多致力于研究水果采摘机器人、水果分级机器人和喷药机器人等。上海交通大学研制了一种草莓拣选机器人，这种机器人运用彩色图像处理和神经网络理论技术，具有学习功能，工作时根据示范的草莓标准样本，改变机器人拣选草莓的种类，并且操作方法简单易学，他们研制的采摘机器人能根据草莓的成熟度实现果实的选择性采摘。江苏大学研制了苹果采摘机器人，并对苹果的识别方法进行了研究，设计了苹果采摘末端执行器，他们还对柑橘采摘机器人末端机械手的避障识别技术进行了研究。中国农业大学研制了草莓收获机器人，对草莓图像进行处理，从而识别草莓进行采摘，他们还研制了草莓收获末端执行器，并且探讨了草莓、橘子等多种水果在视觉系统下的目标提取方法。刘兆祥等（2010）还设计了苹果采摘机器人三维视觉传感器。另外，中国农业大学开发了基于电磁导航的喷药机器人。北方工业大学的方建军和中国农业大学的宋健等还对移动式采摘机器人现状进行了概括总结。

2.1.3　主要创新点

（1）基于路径学习和多传感器融合技术的果园田间自主导航系统，实现果园喷药装备的无人化作业。

（2）基于机器学习和图像识别技术，实现果园喷药的变量和精准对靶作业。

（3）果园机器人管控云平台，实现果园喷药装备的远程智能化管控和云端服务。

（4）基于"共享装备"或"共享果园机器人"模式的新型推广机制。

2.1.4　技术路线

本研究按照技术研究→系统研发→装备集成→示范引领的路线和步骤执行，如图 2-1 所示。首先研究突破涉及的多项关键技术，主要技术成果形成自主知识产权；然后进行果园无人车（无人驾驶移动平台）及管控云平台等系统的研发；在此基础上，优化和集成相关机器人作业系统及装备，并在"科技引领示范基地"进行重点示范。

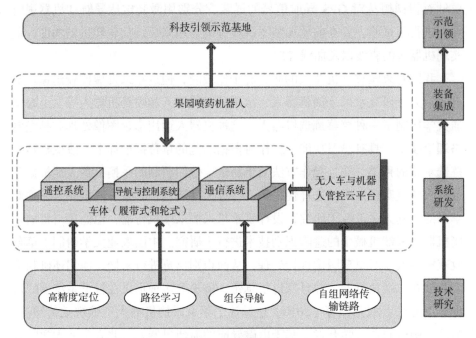

图 2-1　技术路线示意图

果园精准喷药机器人由"无人驾驶移动平台＋智能喷药装置"组成。展开路径规划技术、智能导航技术、多传感融合技术及卫星定位技术等技术的研究，研制无人驾驶移动平台，根据作业需要按需自动行走；突破图像识别技术、靶向喷药技术、变量喷药技术及静电喷药技术，开发出智能喷药装置，实现果园喷药的变量和精准对靶作业。

2.2　研究过程

2.2.1　系统架构

果园精准喷药机器人由无人驾驶移动平台和智能喷药装置组成，如图2-2所示。

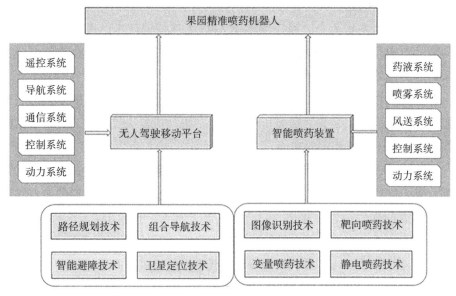

图 2-2　系统架构示意图

2.2.1.1　无人驾驶移动平台

针对苹果矮化宽行密植等栽培模式，突破路径规划、组合导航、智能避障及卫星定位技术，研发结构化果园环境下履带式和轮式无人车的自主导航控制系统，研制出适合现代果园环境的通用无人驾驶硬件平台。

2.2.1.2　智能喷药装置

针对现代标准化果园机械化生产需求，研究现代果园机械化标准种植模式，进行图像识别、靶向喷药、静电喷药及变量喷药技术的研究，研制出智能喷药装置。

2.2.1.3　技术集成

将智能喷药装置与无人驾驶移动平台进行技术集成，实现自主导航与精准作业，并进行苹果园生产试验考核；形成适用于标准化果园的喷药等成套机器人作业装备，提高生产效率，降低劳动强度和生产综合成本，支撑现代果业快速发展。

2.2.2　无人驾驶移动平台

无人驾驶移动平台由遥控系统、导航系统、控制系统、通信系统、避障系统及动力系统构成。

2.2.2.1　遥控系统

（1）遥控系统简介。遥控器采用 2.4G 无线传输技术，将摇杆的角度数据转换成电压的信号经过采集发射出去，2.4G 无线传输数据格式为 8 个字节，分为起始符占 1 个字节，功能码占 1 个字节，数据域占 5 个字节，5 个字节分别为摇杆 X 轴值、摇杆 Y 轴值、喷药按键状态、导航按键状态、遥控模式。最后一个字节为累加和校验数据。果园机器人接收到数据，根据协议格式解析，完成相应的功能。

遥控系统主要应用于果园机器人的行走和导航控制上，通过该遥控装置配合果园机器人完成农田的路径规划和自助导航行走。通过遥控器实现对喷药机器人的远程控制，见图 2-3，遥控器上有 4.3 寸显示屏，设有操纵杆、开关按键、导航按键、断点导航按键、学习模式等按键，遥控系统主要实现接收遥控器信号，转换成电压信号控制履带车的行进，并通过 485 总线发送指令到树莓派，和导航系统进行连接通信，采用无线传输技术，利于操作，避免了有线连接的烦琐。遥控器通信距离远，遥控动作响应快，安全稳定，续航能力强。

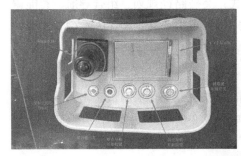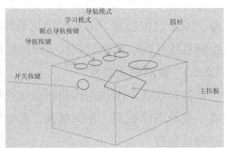

图 2-3　遥控器实物图与示意图

（2）遥控器技术指标。遥控器由外壳、摇杆、控制板和电池等组成。遥控器外壳为塑料材质，里面放置主控板，外部设有摇杆、各种按键、指示灯等。主控板是遥控器的核心，控制板具有电压采集、数据无线发送、电压转换功能，采用 STM32 系列单片机为主控 CPU，CPU 选择 STM32C8T6，并设计了控制板的电路图，如图 2-4 所示，控制板稳定可靠，内存大，抗干扰性强，有两路 AD 采集功能，采集摇杆电压值，导航按键、喷药按键、学习模块按键、蜂鸣器等均由控制板进行控制，如图 2-5 所示。摇杆的动作实时转换为电压信号。采用工业级摇杆，可以 360 度旋转，手感好，运行稳定，分为 X、Y 两路电压输出，不同的电压值对于不同的摇杆角度，方便采集；电池为采用 12V 可充电电池供电，为控制板提供电源续航能力强，持续工作一周左右，稳定可靠，电源接插线的方式，方便拆卸。

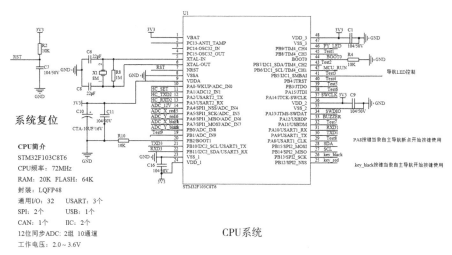

CPU系统

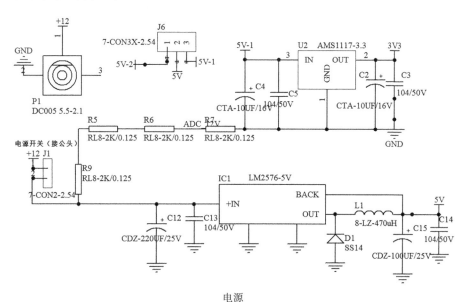

电源

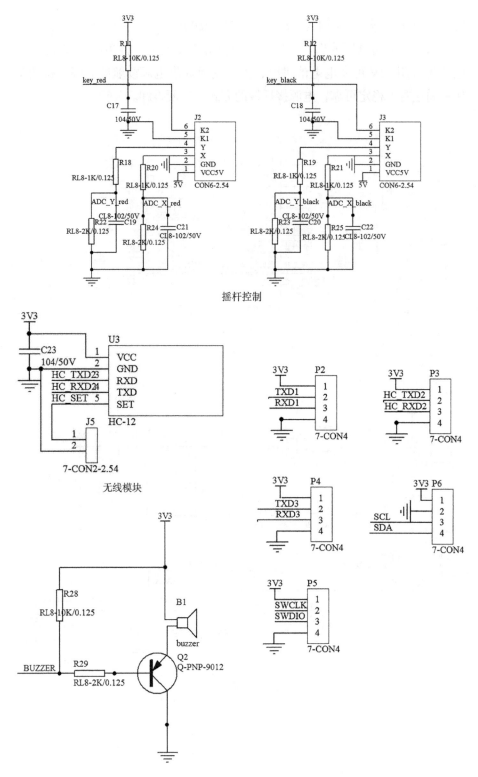

摇杆控制

无线模块

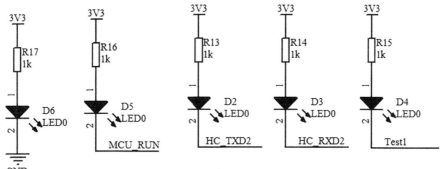

运行灯和测试灯当做其他IO口用

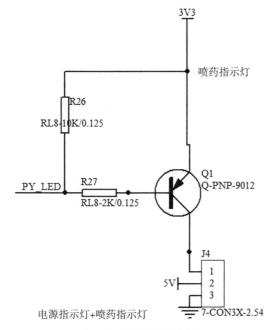

图2-4 遥控器控制板电路

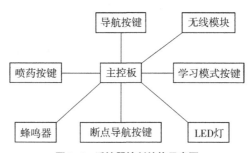

图2-5 遥控器控制结构示意图

（3）遥控器的操作。果园喷药机器人工作时，首先打开遥控器，听到蜂鸣器发出滴的长鸣声，即打开成功（如果听到间隔短鸣声且持续十分钟说明电池电量低，需要充电了）。然后操作摇杆即可遥控果园机器人行走，摇杆以360°旋转。摇杆中间按键为喷药按键，在非导航模式下，按下此按键，果园机器人喷药设备打开，开始喷药，再次点击停止喷药。按下学习按键，果园机器人进入学习模式，开始采点。采集完毕，按下导航模式按键，进入导航模式。按下导航按键，果园机器人开始自主导航行走，再次按下，自主导航停止。需要断点续航功能时，按下断点导航按键即可在断点导航处继续行走。

2.2.2.2　导航系统

（1）硬件组成。导航系统采用组合式导航，组合导航系统由惯性导航系统和卫星导航系统组成。采用 GPS 接收机，利用差分定位原理，并与惯性导航装置相结合，实现组合式导航，使喷药机器人即使在果园内有树冠遮挡等状态下导致间接性卫星失联时也能正常工作，原理见图 2-6。

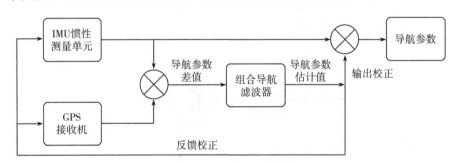

图 2-6　组合导航校正原理

惯性导航系统由 stm32 微处理器和 MEMS 陀螺仪组成，stm32 微处理器与控制系统连接，对 MEMS 陀螺仪发出的信号进行处理并传递至控制系统，惯性导航系统可以确保机器人在果园内因树冠遮挡等导致间歇性卫星失联时也能正常导航，本研究中，选用北京航天军创 JCG-ZCR-G4A2-J12 型惯性导航模块。

卫星定位装置采用 GPS 接收机，通信基站接收机型号为上海司南 M300，移动端接收机型号为上海司南 M600U，配套双卫星天线和卫星定位基站，实现高精度差分定位；上海司南 AT340 双卫星天线用于接受导航定位卫星的定位信号，GPS 接收机用于处理收到的定位信息，并解算出位置坐标。

（2）程序流程。喷药机器人组合式导航系统的程序流程如图 2-7 所示。

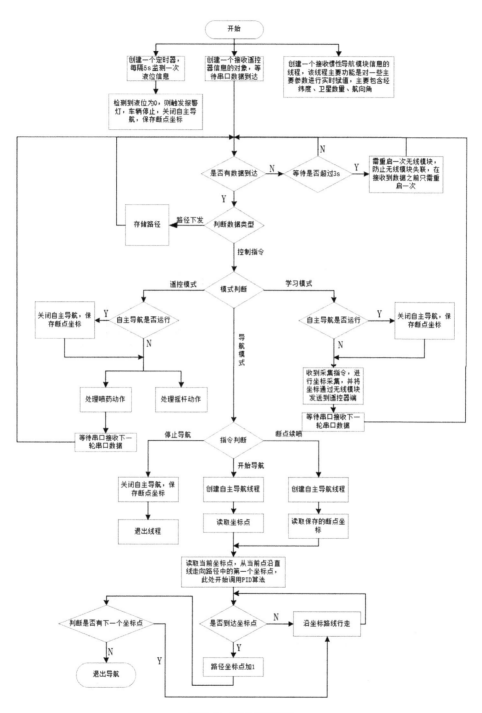

图2-7 导航程序流程

2.2.2.3　控制系统

无人驾驶移动平台的控制系统直接连接导航系统、动力系统、避障系统、通信系统以及智能喷药装置，通信系统又与遥控器、通信基站及互联网连接，如图 2-8 所示。控制系统接收和处理来自各个分系统的数据，实现喷药机器人的驱动控制、路径学习、自主导航、喷药控制及远程通信等功能。

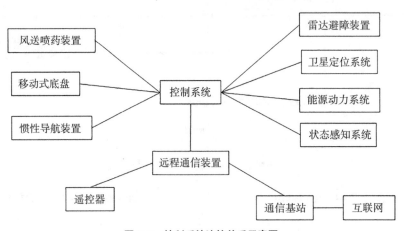

图 2-8　控制系统连接关系示意图

控制系统采用树莓派 /ARM Corter-A53 作为处理平台，利用 Python 及 C/C++ 等编写控制程序，连接惯性导航、卫星定位、喷药、远程通信等系统，接受和处理来自卫星定位装置、惯性导航装置等发来的数据，实现机器人的驱动控制、路径学习、自主导航、喷药控制、状态感知、远程通信等功能控制系统集成在 2 个控制盒内。

2.2.2.4　通信系统

通信系统包括通信基站、Wi-Fi 及互联网。通信基站包括固定底座、立杆、网桥、通信天线、电台天线、卫星天线等通信设备，信号覆盖整个果园，通信基站示意图见图 2-9。采用无线网桥并配置高增益全向天线，可以通过通信基站连接至互联网，还可以通过无线连接至遥控器。通信系统实现信

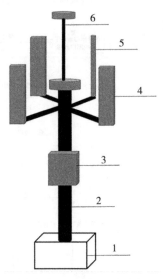

1. 固定底座；2. 立杆；3. 网桥；4 通信天线；5. 电台天线；6. 卫星天线
图 2-9　通信基站示意图

息的交互，将机器人本体的速度、位置、视频等信息通过通信基站传送至遥控器及互联网；接收遥控器及互联网的控制指令，反馈至控制系统，实现对喷药机器人的手动遥控及远程控制。

2.2.2.5 避障系统

果园精准喷药机器人的避障系统包括雷达避障装置和超声波避障装置。在行进过程中，激光和超声波向周围发出探测信号并接收反射回来的信号，通过计算发射信号和接收信号的时间差，计算出障碍物的距离、方位、高度、速度、姿态甚至形状等参数，如图 2-10 所示。激光与雷达避障装置设计在喷药机器人前后位置辅助避障，当探测到障碍物时，将信号传至控制系统，实现避障功能。

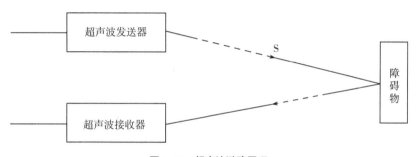

图 2-10 超声波避障原理

2.2.2.6 动力系统

果园喷药作业耗能量大，若采用电池供电难以满足需要，因此无人驾驶移动平台自带燃油动力装置，能够满足果园各种作业动力需求，以其自身动力沿轨道启停和前进、后退，实现全程无人化作业模式。

2.2.3 变量智能喷药技术研究

喷药作业装置集成有单独动力系统及风送装置，单独动力系统及风送装置确保药液能够穿透树冠。喷药过程中，使用静电喷雾技术、变量喷药技术及断点续喷技术。静电喷雾技术能够使得药液附着于叶面的（上、下）表面；变量喷药技术能够根据果树密度、病害信息实现按需喷药，两项技术应用大大提高了药液的利用率；断点续喷即在车载药量使用完后，自动停止喷药作业并返回加药点，加药完成后可自动移动到断点（停止作业）处继续喷药作业。

2.2.3.1 静电喷雾技术

静电喷雾技术就是药液先通过其他雾化方式使雾滴得到第一次雾化，之后初步雾化的雾滴流经喷头电极时雾滴被充上正或负电荷，形成带有荷电的雾滴群，高压静电使得雾滴破碎成粒径在微米或者微米以下，并利用高压静电在喷头和靶标作物之间形成一种电场，然后雾滴被二次雾化，并作定向运动，最终达到靶标的各个部位。喷头和靶标作物之间会产生电力线，如图2-11所示。

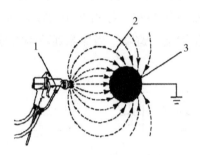

1. 喷头；2. 电力线；3. 靶标

图 2-11　静电喷雾原理

高压静电可以使喷头与作物靶标间形成静电场，在静电力作用下，药液更易附着在植株叶面的正反面，尤其是植株背面，有效增加药液沉积。同时静电雾化形成的雾滴细微，分布均匀，药液附带电荷后可提高药剂活性，提高防治效果，节省药剂。使用静电喷雾技术，可节约 1/3 以上药量，同时大幅提高喷洒效率。

2.2.3.2 变量喷药技术

变量喷药技术一方面能够提高喷药的自动化水平，提高喷药效率；另一方面能够减少农药损耗，降低喷药成本，降低农药对环境的破坏，通过以下方式控制药液喷洒量，实现变量施药。

通过控制系统压力调节喷药量。这种方式主要通过摄像头和雷达传感器获取工作区域的作物和环境信息，并利用流量传感器和压力传感器测量当时的喷药流量及药箱压力等数据，再通过计算机处理获得合适的喷药量，并将喷药量的相关数据传递给减压阀，进而实现每个喷杆的喷药量通过减压阀的调节而变化，达到控制喷药量的效果。通过试验证明，利用比例减压阀控制喷杆的压力，可以达到实现变量控制的要求，并且压力式控制可以通过传感器很好地与喷药机的行进速度相匹配，可实时根据喷药机行进速度的变化增加或减少喷药量，是目前应用最多的变量喷药技术。

基于脉宽控制技术实现变量喷药。这种方式主要是通过改变驱动器线圈的脉宽信号的占空比实现喷药系统的变量控制，这种控制方式的特点是系统的压力始终保持恒定不变，而当脉宽信号变化时，系统控制喷头的流量增大或减小，以达到控制喷药量的要求，由于电信号的及时性，通过脉宽控制变量配药的技术反应速度比压力控制快很多，是更为先进的控制技术。

利用单片机技术实现的滞环控制法。此方法主要是在控制系统中增加一个范围控制单元，可将喷药量控制在 0.9 倍和 1.1 倍之间，当喷药量大于要求喷药的 1.1 倍时电动阀门开度减小，喷药量降低，当喷药量小于要求喷药量的 0.9 倍时，电动阀门开度增加，喷药量增加，此技术主要应用于与喷药机械行进速度的匹配上，目前仍处于研究发展阶段。

基于模糊控制的变量喷药控制方法。此系统通过传感器获取作物的种植密度，并将作物的种植密度大致分为稀疏、较稀疏、适中、较密、密、很密6 个等级，同理将病虫害及杂草害也分为若干个等级，并根据分析获得的数据确定相对应的等级，进而采取相应的喷药方案，实现最佳喷药效果。

2.2.4 果园精准喷药机器人

2.2.4.1 功能介绍

集成无人驾驶移动平台和智能喷药装置，研制出果园精准喷药机器人，果园精准喷药机器人首次工作时，遥控器与车体建立无线连接，在遥控器上将车体切换为学习模式，通过遥控器控制车体运行，获取路径信息，将路径信息存储在遥控器中，路径学习过程完成。无人导航工作时，切换工作模式为导航模式，然后遥控器发送开始导航指令，车体接收到指令后即按下发的路径运行，车体按已经存储的路径运行，自主导航结束，实现自主无人喷药作业。

果园喷药机器人具有以下优点。

一是喷药系统采用集成式多喷头风送喷药装置，喷药距离远，雾化程度高，树冠穿透效果好，果树受药均匀。

二是车体采用 GPS 接收机，利用差分定位原理，并与惯性导航装置相结合，集前者的高精度和后者的稳定性等优点于一体，实现组合式导航，使车体在果园内因树冠遮挡等导致间歇性卫星失联时也能正常导航和行走。

三是自主导航，车体通过路径学习的方式记住路径，然后根据记忆的路径进行自主导航，从而真正实现无人值守式的机器人喷药作业，且不设前提条件，无须预先在果园内铺轨、拉线、挡板等。

四是车体具有状态感知和智能控制等功能，可实现对靶喷药、断点续喷和夜间作业。

果园自主导航喷药机器人能根据果园生产中病虫害的防治要求，利用自主导航系统，做到"定量、定点"对靶喷药，通过计算机智能决策，保证喷洒的药液用量最少和最大程度附着在作物叶面上，实现对果园化学药剂的精确管理，减少农药的施用量，减少地面残留和空气中悬浮漂移的雾滴颗粒，果园喷药机器人能够显著降低果园喷药作业的用工数量和劳动强度，喷药精准、节药环保，且喷药机器人在弱光或夜间条件下作业时，其作业模式、效果均与白天作业相同，实现果园喷药作业的无人化、智能化及精准化。

2.2.4.2 喷药工作流程

果园喷药机器人使用前先进行系统发动前检查，如行进及喷药动力装置中油量是否充足、车载开关（喷药作业中说明）位置是否在遥控一侧。操作中主要涉及航点采集、系统启动、机器出库（下车）、机器加药、路径规划、路径下发、喷药作业机器发动、模式切换、导航作业、中途加药、喷药机器停止、更换地块、机器入库（上车）、系统关闭等流程，流程如图 2-12 所示。

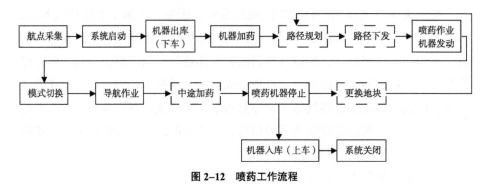

图 2-12 喷药工作流程

2.2.5 喷药机器人管控手机 App

开发了基于喷药机器人管控手机 App，通过手机 App 端进行航点采集、系统启动、机器出库、路径规划、路径下发及喷药作业等操作，实现自主导航喷药，如图 2-13 所示。

图 2-13 自主导航流程

2.2.5.1 航点采集

"航点采集"的目的是采集园区内各地块的航点信息,方便后续完成路径规划及自主导航作业功能,"航点采集"以地块为单位,每个地块航点组成一个航点文件,地块可根据实际情况进行划分,可大可小但每个地块尽量保持连续。所述航点即果园喷药机器人运行关键节点,一般在果园种植行入行口及出行口的行间位置与第一棵树间距为 2 ~ 3m 处采集。每个地块的航点采集顺序如图 2-14 所示,从地块的一角开始采集,一侧采集完成后再采集地块的另一侧(图 2-14 中 1 ~ 6 顺序)。

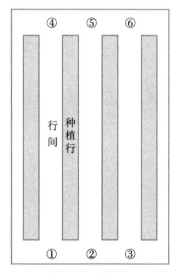

图 2-14 航点采集

航点采集工具为手机 App + 司南 T300 接收机。航点采集流程如下。

①手机端打开蓝牙并打开 CarNG3 应用程序,并点击应用程序首界面"+"进入采集界面(图 2-15)。

②司南 T300 接收机按下电源键,开机。

③手机与司南 T300 接收机进行蓝牙配对,若配对成功则图 2-15 采集界面"接收坐标中……"处会有相应的坐标显示。

④将司南 T300 接收机放置在要采集的位置（尽量保持水平），待手机 App 中坐标变化趋于稳定（仅小数点后第二位变化）时，点击如图 2-15 采集界面"踩点"键即可完成该点的坐标采集。

⑤按照上述采点顺序，依次按步骤④所述采集步骤完成地块所有航点的坐标采集。

⑥地块航点坐标采集完成后点击如图 2-15 采集界面底部"保存"键，并输入文件名称后"确定"即完成该地块航点采集。

航点采集过程中若因误操作等原因导致采集点不准确，可长按该点删除并重新采集该点坐标（待坐标数据稳定后"踩点"即可），采集方式与步骤③相同。

图 2-15　CarNG3 应用程序界面及采集界面

2.2.5.2　系统启动

用钥匙启动系统，钥匙插孔如图 2-16 所示，钥匙插孔有 3 个位置，插入钥匙后处于位置 1 处；位置 2 为机器人通电；位置 3 为机器人前进动力部分启动。通过旋转钥匙所处位置启动系统，其流程为：首先将钥匙向右旋转至位置 2 处，等待 5s 左右待机器人通电完成；然后将钥匙向右旋转至位置 3 处，待发动机发动后松手，钥匙自动回至位置 2 处，系统启动完成。

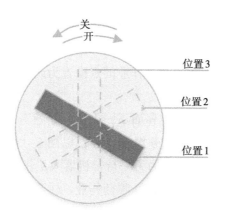

图 2-16 钥匙插孔

2.2.5.3 机器出库

遥控器上电（按下遥控器电源按钮即可）后默认处于遥控模式，通过遥控器摇杆操纵机器人行进，摇杆控制中向上为前进，向下为后退，水平向左为原地左转，水平向右为原地右转，左上为差速左转前进，左下为差速左转后退，右上为差速右转前进，右下为差速右转后退。通过遥控器摇杆控制可完成出库（下车）操作。机器人出库后，将其遥控至要作业地块路径起始点位置附近。

2.2.5.4 路径规划

如图 2-15 所示进入 CarNG3 应用程序首界面为地块航点文件（即"航点采集"完成后保存的文件）列表，若要删除该文件则长按删除即可。点击地块航点文件，进入路径规划界面，如图 2-17 所示。在路径规划界面下所示 1、2、3……即"航点采集"中所采集的航点坐标，路

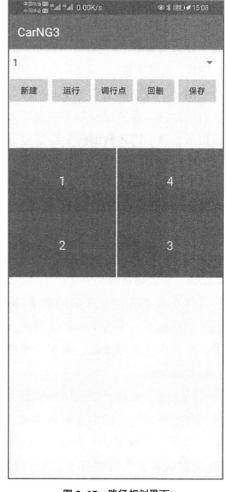

图 2-17 路径规划界面

径规划的目的即将航点组成一条完整的机器人运行路径。路径组成中航点带有调行点或非调行点属性，所谓调行点即由该运行行转至另一运行行，同时停止喷药作业，一般将停止喷药作业的点设置为调行点，开始喷药作业的点设置为非调行点。

在图 2-17 所示规划路径界面下，点击"新建"，建立一条新的路径文件，按照喷药机器人工作任务规划路径，以图 2-17 中 4 个点为例进行说明，假定 1、4 为一行，2、3 为另一行，机器人工作路径为由 1 进入并进行喷药作业，由 4 处驶离该行并停止喷药作业，转至 3 处进入该行继续喷药作业，并到达 2 处后停止运行同时停止喷药作业，则进行路径规划时可先点 1，再点 4，因 4 为调行点（因由该点驶离该作业行并停止喷药作业），则再点"调行点"键，再点 3，再点 2，最后在 2 之后点"调行点"，如此便完成该路径的规划。路径规划完成后点击"保存"，对此路径命名后即可对该规划路径进行保存。

2.2.5.5　路径下发

路径下发功能需将手机与机载处理器通过专用数据线连接。专用数据线上有一按键，在连接前需按至断开状态，待手机 App 识别数据线后（App 中有提示信息）再将数据线上按键按至接通状态。

完成上述步骤后，App 端进入图 2-17 所示界面，在该界面下点击"保存"上方的"▼"，即可显示路径列表。点击要下发的路径名称，图 2-17 所示界面即可显示路径信息，点击"运行"键，即可向车载端发送路径数据，待数据发送完成（App 端弹窗显示路径下发完成），路径下发功能完成，断开专用数据线即可。

2.2.5.6　启动喷药作业

将车载喷药控制开关调至手动油门位置，调整适当的油门大小，一手按下减压阀，一手按下电启动开关，待电机运行后，松开减压阀及电启动开关，喷药作业机器发动。将车载喷药控制开关调至自动油门位置，喷药作业机器发动完成。

（1）模式切换。果园喷药机器人工作模式分为遥控模式与导航模式，遥控与导航模式间切换由遥控器实现。遥控器上电默认为遥控模式，遥控模式下，按下"导航模式"按键即可进入导航模式，同时"导航模式"按键灯亮，"遥控模式"按键灯灭；导航模式下，按下"遥控模式"按键，则进入"遥控模式"，同时导航模式按键灯灭，遥控模式按键灯亮（切换模式时，若相应模式的按键灯未亮则说明模式切换未成功，需再次按下相应的模式按键，直至灯亮）。

（2）导航作业。遥控模式下，将喷药机器人遥控至要作业地块的路径起点处，下发工作路径（详见路径下发功能）；模式切换至导航模式；将车载控制开关拨至导航一侧；喷药机器发动，并调整适当的油门大小；遥控器按下"导航开始"键，喷药机器人进入导航模式，自动加载下发路径，按路径运行并执行喷药作业。待喷药作业（导航）完成，将车载控制开关拨至遥控一侧。

（3）中途加药。喷药机器人自主喷药作业过程中，运行至作业地块一侧时，若药量不足以完成下一工作行，则通过遥控器按下"断点续喷"键，喷药机器人则停止工作，此时可给机器人加药。加药完成后，再次按下"断点续喷"键，喷药机器人可在断点处继续工作，按未执行路径继续行进。

（4）更换地块。一个地块作业完成后，切换机器人工作模式为遥控模式，遥控机器人至新地块（自主导航喷药）工作路径起始点附近，操作流程跳转至"规划路径"处，按操作流程继续往下操作。

2.2.6　示范应用

自项目实施以来，在烟台、威海、滨州等多个地方进行了示范应用，取得了良好的示范应用效果，如图 2-18 所示。

图 2-18　果园喷药机器人实物

2.3　研究结果和讨论

2.3.1　研究结果

果园喷药机器人具有路径学习、无人驾驶、自主导航、智能作业等特点，不仅大幅度节省人力，而且可有效避免作业人员吸入药雾产生危害，与传统手工打药或机械辅助打药相比，劳动强度可降低90%以上，省工、省力效果显著，技术参数如表2-1所示。

表2-1　果园精准喷药机器人技术参数

外形尺寸（mm）	2 600×1 200×1 700
结构质量（kg）	600
药箱容量（L）	350
装备总功率（kW）	16+8
最佳作业速度（km/h）	5
左右最大喷幅（m）	5.4
上部最大喷幅（m）	5
亩均作业时间（min）	1.8
定位精度（cm）	±2
直线行驶精度（cm）	±10

2.3.2　讨论

本研究研制的果园精准喷药机器人装备取得了良好的试验效果，但还可以从以下几个方面提高，下一步的研究计划如下。

（1）增加视觉识别技术在障碍处理方面的应用。目前果园精准喷药机器人控制系统无视觉识别功能，对于障碍的处理能力差，若能搭建视觉识别功能，机器人可智能地处理障碍，提高工作效率。

（2）在现有自主移动平台的基础上，搭载割草、旋耕、施肥、采摘等执行机构，研制不同功能的智能作业装备。

3

面向海上精准养殖的远程无人船系统

3.1 研究概述

3.1.1 研究背景

虽然近年来水产养殖业发展迅猛，但传统的水产养殖仍沿用粗放式经营的方式，主要通过人工进行水样的采集检测、喂食、投药和巡检等工作，撑着小船或者坐着泡沫板拉着绳子喂料或撒药，已成为水产养殖人每天的固定流程，但这不仅费时费力，而且人工水样采集检测时效性差、数据片面，喂食和投药容易造成资源浪费和对水体的二次污染，人工巡检成本过高，覆盖范围小，传统水产养殖中还有人力成本高、水产疾病处理不科学、水产品质量管理效果差等问题。随着现代信息技术的发展，将互联网、大数据、云计算、物联网等技术应用到水产养殖过程中，开发出无人船系统，可以代替人工进行喂料施药、水质监测和视频监控等工作，解决传统水产养殖中存在的人工成本高、数据准确度低、有线检测布线复杂、监测点不易移动、数据传输速率慢以及采集点过于单一等问题。

本研究根据海上精准养殖迫切需求，重点研究突破船体姿态控制、自主导航及海陆间远程通信等关键技术，研制用于海水养殖环境精准监测和养殖区远程监控的水面无人驾驶移动平台，在此基础上研制水质环境监测、饵料投撒、消毒洒药等船载机器人装备，在胶东半岛主产区进行熟化和示范，通过规模化推广应用，推进海水养殖产业提质增效。

3.1.2 国内外研究现状

山东是我国近海养殖大省，海岸线 3 129.1km，约占全国大陆海岸线总长的 1/6，居全国第二位；近海海域面积 15.95km^2，发展海水养殖业优势明显。近年来，由于沿海污染加重，海洋生态环境逐年恶化，同时受到人力成本大幅度飙升等因素影响，产业发展增长乏力，海洋生态环境逐年恶化，综合效益呈下滑趋势。利用智能装备对海水环境进行实时动态监测，同时替代人工完成养殖作业是世界各国都面临的技术难题。本研究的海上养殖无人船系统，可实现海水养殖区域及水下环境精准监测和远程监控，并可完成饵料撒施、消毒施药、网箱监视等作业，具有很高的实用价值和广阔的应用前景。

3.1.2.1　国外研究现状

国外无人船的研究起步较早，进行了多项的研究。首先是在军事上无人船投入使用，2000 年美国在无人船上安装能执行军事任务的装备，在近海海域进行军事训练。2003 年以色列研发了"Protector"号无人船用作海岸巡航。无人船在军事领域发展相对成熟之后，在民用监测方面开展了深入的研究。2004 年英国普利茅斯大学海洋和工业动态分析（MIDAS）研究小组，开发了一艘 4m 长的"Springer"号无人船搭载传感器用作河道、水库以及沿海区域污染物的追踪，采用 SLAM 技术使得"Springer"更好地做到自主追踪。2011 年日本北海道大学开发了采用气动装置的无人船"UBP"，不使用传统的螺旋桨动力装置，采用气动装置帮助无人船能够到达沼泽地、水草密集的区域进行水质信息采集。2011 年波兰、格但斯克工业大学和 SPORTIS公司联合开发了"Edredon"号无人船，该无人船能够搭载监视设备对相关海域进行全天候监测，搭载的水文传感器能对海洋污染进行实时的分析研究。

3.1.2.2　国内研究现状

2008 年国内也开展了相关的无人船研发与监测应用。国内起步较晚，国外在无人船具体应用场景、无人船自主导航和自主避障等方面都领先于国内。沈阳航天新光集团有限公司在 2008 年研发了国内第一艘无人船"天象一号"用于气象监测。国家海洋局第一海洋研究所研制了"USBV"号无人船，搭载了水质传感器，2015 年在青岛进行了水质监测试验。2015 年上海大学研发的"精海"号无人船装备了北斗系统，能做到自主定位、航迹线远程动态设定。目前国内外的无人船大多采用手动遥控的方式，无人船自主巡航模式是现阶段着重研发的方向。大多数无人船障碍物探测主要依靠雷达、摄像头反馈给工作人员，由工作人员进行手动遥控避障。无人船尺寸较大，很难在湖泊、河道等狭窄水域发挥环境监测的作用；同时水质监测研制中，只开展了简单的搭载传感器的试验，构建完整的水质监测还有待建设。实现可自主巡航避障的移动在线水质监测无人船成为水质监测行业的重要需求和研究热点。

通过上述分析可知，我国在海上无人船方面较国外仍有差距。国内未见有集成自主导航、路径规划和机器人精准作业远程智能控制无人船系统的研究报道。

3.1.3　主要创新点

一是基于船体姿态控制、高精度定位和多传感器避障技术，实现无人船装备在海上的智能化自主导航。

二是基于无人船管控云平台和智能机器人技术，实现无人船装备的智能化作业、远程管控和云端服务。

3.1.4　技术路线

本研究按照技术研究→系统研发→装备集成→示范引领的路线和步骤执行。首先研究突破涉及的多项关键技术，主要技术成果形成自主知识产权；然后进行海上养殖远程无人船及云平台等系统的研发；在此基础上，优化和集成相关机器人作业系统及装备，并在"科技引领示范基地"进行重点示范，如图 3-1 所示。

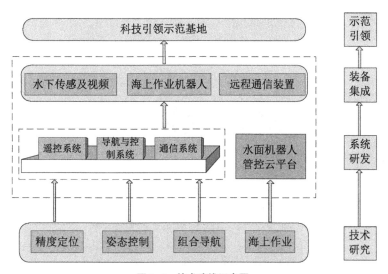

图 3-1　技术路线示意图

3.2 研究过程

3.2.1 海上精准养殖环境监测设备研制

针对我国浅海水产养殖的海洋水质和生态环境特点，集成空气温度传感器、空气湿度传感器、风速传感器、风向传感器、水温传感器、溶解氧传感器、盐度传感器、光照强度传感器等设备组件，研制了海产贝类精准化养殖环境监测设备样机，可实时监测养殖环境中空气温度、空气湿度、风速、风向、水温、氧的溶解度、盐度、光照强度等环境参数，为海洋生态环境监测及海洋灾害预警预报等提供可靠的数据支撑，如图 3-2 至图 3-4 所示。

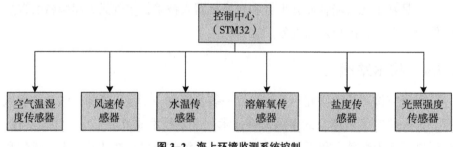

图 3-2 海上环境监测系统控制

图 3-3 设备样机实物

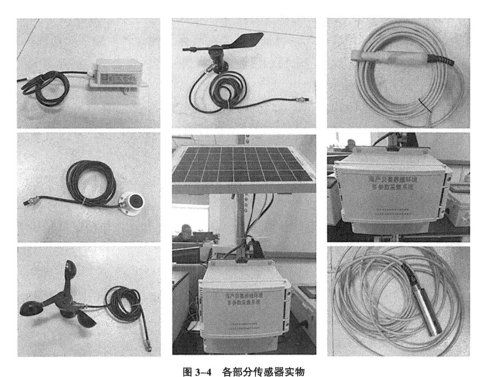

图 3-4　各部分传感器实物

3.2.1.1　设计需求

➢ 海产贝类养殖环境中空气温度、空气湿度、风速、风向、水温、氧的溶解度、盐度、光照强度 8 个参数的采集。

➢ 设备采用 220V 市电供电。

➢ 传输方式采用有线传输。

3.2.1.2　组件选型

➢ 主芯片采用 STM32F10x 系列，具有睡眠、停机、待机 3 种低功耗模式。供电电压范围 2.0 ～ 3.6V，内嵌 4 ～ 16MHz 晶体振荡器。

➢ 设备连接空气温湿度传感器、风速传感器、风向传感器、光照传感器、溶解氧传感器、盐度传感器，通信方式均采用 RS485 通信。

➢ 空气温湿度传感器采用 SHT11，该产品功耗低、采集数据精确、响应速度快、抗干扰能力强、性价比高。

➢ 风速传感器采用 FS01，该产品采用防电磁干扰处理，全铝外壳，防水防腐蚀（市面常见的塑料壳长时间易老化），设备转动惯量小，响应灵敏，设备采用 10 ～ 30V 直流供电，标准的 Modbus-RTU 协议。

➢ 风向传感器采用 QS-fx01，该产品体积小，重量轻，野外携带和安装极为方便，检测精度高，系统采用低功耗环保节能设计，数字处理技术，量程宽，稳定性好。数据信息显示线性度好，信号传输距离长，抗外界干扰能力强，可在野外全天候使用。

➢ 溶解氧传感器采用 DOG-99，该产品采用高性能 CPU 芯片、高精度 A/D 转换技术和 SMT 贴片技术，完成多参数测量，温度补偿，量程自动转换，仪表自检，精度高，重复性好。

➢ 盐度传感器采用 DSS-600C，该产品采用进口元器件及先进的生产工艺和表贴技术，IP68 防水等级，线缆防海水，可以直接投入水中，无须加保护管。运用这一系列先进的分析技术，确保传感器长期工作稳定可靠和准确性。

3.2.1.3　功能实现

通过单片机的网口模块、SPI 模块、UART 模块、GPIO 引脚实现 4 ～ 20mA 标准接口，RS485 通信接口，单总线接口。

3.2.1.4　原理图及 PCB 图设计

图 3-5、图 3-6 为设备原理和设备 PCB。

单片机

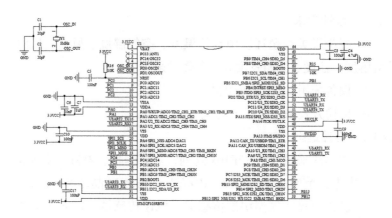

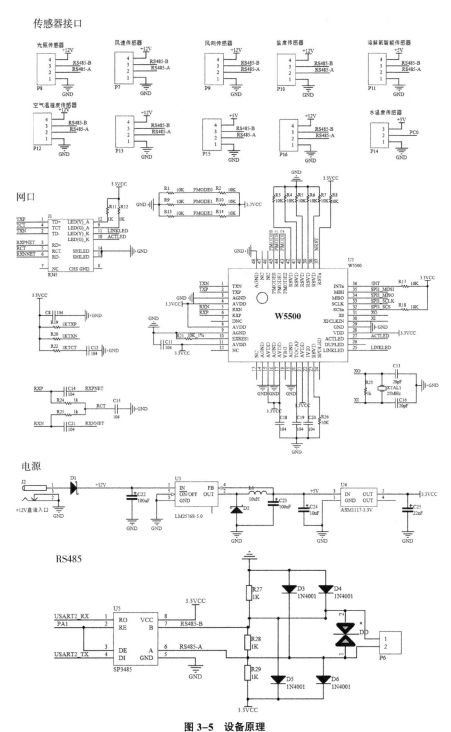

图 3-5　设备原理

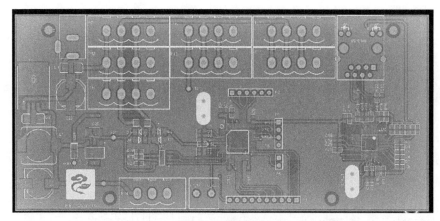

图 3-6　设备 PCB

3.2.1.5　单片机程序设计

单片机处理程序以 IAR Embedded Workbench IDE 为开发平台，程序主要执行流程如图 3-7 所示。

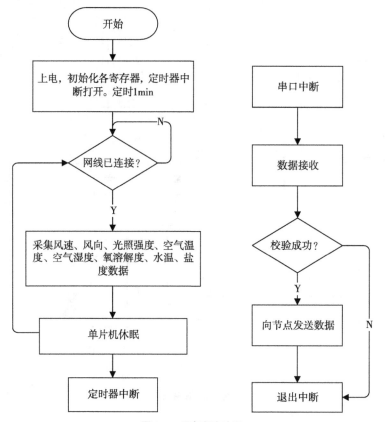

图 3-7　设备程序流程

3.2.2 海上精准养殖远程无人船研制

3.2.2.1 无人船系统结构

针对海产藻类、贝类等海上养殖区布局特点及海况，研发近海条件下（岸基距离 5 ～ 10km 范围内）海水养殖区双体式或单体式无人船装备及其自主导航控制系统；重点研究突破基于北斗的多系统高精度定位、路径规划与路径学习、海陆间远程通信、船载组合导航等关键技术；开发导航、控制、互联网络等一体化融合的船载执行装置，研制形成适航性好、导航精准的海上无人驾驶硬件平台，为集成船载精准作业机器人系统奠定基础，总体结构如图 3-8 所示。

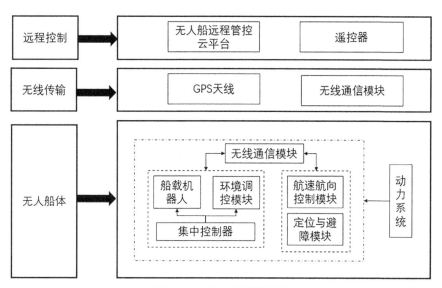

图 3-8　无人船系统总体结构

3.2.2.2 无人船本体

船头和船尾位置放置两个圆形 GPS 天线，用来接收 GPS 信号；中间为惯性导航模块，GPS 和惯性导航模块融合可以估算无人船的位姿；惯性导航模块旁边设计了放置激光雷达和相机用来获取船体周围的环境信息，是无人船的"眼睛"。船体内放控制箱，内部含有底层主控板和工控机以及电源模块，提供船体的控制和驱动；控制箱旁边是遥控接收器，无线路由器和无线 AP 用来接收遥控器指令，以及实现船体与岸上终端的通信。无人船体搭载环境采集、环境控制及视频采集等设备，直接接触水体，实时采集水质的关键检测指标有水温（T）、电导率（TDS）、浑浊度（COD）、酸碱度（pH）、氧化还原能力（ORP）和溶解氧（DO）等，并上传至无人管理平台，同时接受无人管理平台下传的信号，实现船体内环境控制设备的控制，如图 3-9 所示。

图 3-9　海上养殖无人船实物

3.2.2.3　激光雷达传感器

船舶航行过程中，其内部及外部均是一个复杂的环境，繁杂多变的航行水域、风、浪、障碍物、船舶设备、船舶系统等因素，均与船舶航行安全息息相关。因此，环境数据的采集，是无人船自主智能航行的基础。目前实现环境感知，主要通过雷达、光电系统、声呐系统等手段，完成数据搜集，为实现智能航行，还需要对搜集的环境数据进行分析处理，数据处理的速度，决策的安全性、合理性、快速性都在很大程度上决定着无人船智能航行的发展。以庞大的环境数据搜集为基础，通过特有的算法，识别船舶自身所处的环境情况以及外部目标物的分布、运动情况，通过人工智能系统自主分析、规划并给出船舶航行决策，对动态目标的检测及追踪并实现轨迹预测、自身的路径规划、自身路径变更及恢复等。

本研究中，在水面上行驶的无人船使用激光雷达来感知周围环境，不易受到日光和水面反射的影响，且激光雷达精度高、方向性好，可以直接测距，可以给无人船提供良好的数据来源。

3.2.2.4 GPS/IMU 组合导航

导航按照相关运动路径，从初始位置行驶至目标位置，由于导航装备面临的工作环境多样，使得导航需要根据工作环境的变化规划运动路径，常见的导航系统有 GPS 卫星定位系统、惯性导航系统和组合导航系统。GPS 以全天候、全球覆盖、方便灵活的优势成为人们户外定位首选，常用于汽车和物流产业，而无人船对定位要求较高，在海面上 GPS 存在信号丢失的风险，所以仅靠 GPS 不能满足无人船领域的定位需求。IMU 内置加速度计和陀螺仪，可以累积加速度得到姿态信息，IMU 是自体测量传感器，不受外界环境干扰，但长时间工作会产生累积误差。无人船定位中，可以使用 GPS/IMU 组合定位的方式，当 GPS 信号短暂丢失时，使用 IMU 来短暂地估计无人船位姿，实现更加准确的定位。

3.2.2.5 地面辅助系统

地面辅助系统主要是指遥控器和通信基站。遥控器可通过车体、基站、公网等不同的 Wi-Fi 环境实现与无人船主体连接；接收无人船采集的航点数据，可增删、保存、导入、导出路径文件；设定无人船工作模式，实现对船体及船载设备的控制。由通信基站（固定端）和车载收发设备（移动端）组成。在通信基站，可提供 Wi-Fi 信号，负责建立无人船体与遥控器之间、无人船体与无人管理平台之间的网络连接。在此网络连接上同时传输指令、数据、视频。

3.2.3 海上精准养殖远程无人船无人管理平台开发

采用面向对象的 C 语言来编写客户端软件，为了高效地实现无人船数据的实时读取和显示，并查看参数曲线对其加以分析，集成了大量实用的编程类库，根据系统的软件设计任务要求，采用模块化的软件设计理念，设计主要包括通信模块、实时数据显示模块、视频监控模块等。可实现海上无人船的远程管理及数据处理，可以显示无人船位置实时更新、历史航迹回放、进行海洋环境数据状态更新及分析、车载设备控制、车载实时视频查看等功能，拥有"地图模式"和"后台管理"两种模式。

3.2.3.1 地图模式

用户进入无人管理平台，默认进入"地图模式"，界面直观显示无人船实时位置、无人船设备运行状态、实时视频、实时环境参数、电池电量等信息。

点击历史轨迹按钮，选择轨迹回放的时间段，就可以显示所查时间段无人船的轨迹。

点击实时环境参数任意环境参数，即可显示相应参数的历史数据分析。

3.2.3.2 后台管理

后台管理界面可以录入企业信息、公司名称、无人设备及用户管理等信息进行编辑和展示。

3.3 研究结果和讨论

3.3.1 研究结果

海上养殖无人船具有以下功能。

（1）远程遥控。采用岸基通信基站的方式与海上无人船实现无线通信；操作人员使用手持式遥控器，基于船上实时视频对无人船进行远程手动遥控，控制其行进、后退和转向等操作。

（2）自主导航。采用 GPS 和 INS 组合导航的方式实现精准定位，采用双推进器差速转向的方式实现航向控制；在首次运行时，在遥控模式下使无人船沿设定路径航行，船载系统自动学习走过的路径信息；后续航行时，可沿学习路径自主导航和自主行进，不须人为干预。

（3）实时视频。无人船在开机情况下，无论是处于静止还是行进状态，均实时回传来自船上的高清视频，支持拉伸镜头和调节焦距，控制人员查看船体及船附近的实时视频画面，实现远程监控。

（4）精准监测。无人船上可根据实际需要配置多种传感器，能够实时采集监测多种环境信息，包括海面气象环境、海水水质（水温、盐度、溶解氧、pH 等）、海洋动力（流速、流向、水深等）、水下视频及无人船运行状态等。这些信息即时传到无人管理平台，用户可通过电脑、手机等多种终端浏览。

海上养殖无人船具有远程遥控，自主导航，实时视频，精准监测海面气象环境、海水水质、海洋动力、水下视频及无人船运行状态等功能，可以按照预先设定好的路线自动巡航，将采集的数据回传至平台系统，无须人工下海采集环境数据，节约了大量的人力，保障了生产人员的安全。除此之外，无人船配备的高品质传感器，监测数据精准，对防范水质恶化，实现海产贝类精准化养殖信息的实时数据处理、可视化展现、大数据分析、智能化决策和远程监控等功能，确保贝类健康生长，提高产品质量，促进养殖海水科学化调控管理，具有重要的经济价值和现实意义，如图3-10所示。

图 3-10　无人船海上测试

3.3.2　讨论

本项目针对海上精准养殖远程无人船的需求，对无人船平台、海上环境监测系统及管控平台进行了研究，实现了远程遥控、自主导航、实时视频及精准监测等功能，但仍存在一些问题，下一步的研究计划如下。

（1）本研究所设计的无人船系统初步实现了自主导航功能，但实际海面的环境非常复杂，可能会遇到大风、海浪等天气，因此，无人船系统航行时遇到的障碍和干扰具有复杂不确定性，针对这种不确定性，进行无人船导航系统的路径规划和自主避障功能的进一步研究。

（2）将更好的导航算法和轨迹跟踪算法应用到无人船的实际开发中，使无人船的导航精度更高，运行轨迹更加精确。

（3）在现有研究的基础上，进一步提高船体的负载能力，并针对实际需求加载其他设备，如鱼群探测传感器、水域地形探测传感装备等。研究基于图像与声音信息的养殖鱼群摄食规律，进一步提高投饵、消毒等作业过程的精准度。

参考文献

陈继清，王志奎，强虎，等，2021. 基于机器视觉边缘检测的园林喷药机器人导航线提取 [J]. 中国农机化学报（3）：42–47.

方乔玉，莫梓柔，黄军辉，等，2022. 基于机器视觉技术的大棚农作物喷药机器人设计与实现 [J]. 广东水利电力职业技术学院学报（20）：28–32.

高泽华，孙文生，2021. 物联网体系结构、协议标准与无线通讯 [M]. 北京：清华大学出版社：1–25.

靳文停，葛宜元，张闯闯，等，2019. 履带式温室智能喷药机器人的设计 [J]. 农机使用与维修（10）：8–11.

李道亮，2012. 农业物联网导论 [M]. 北京：科学出版社：5–18.

刘兆祥，刘刚，乔军，2010. 苹果采摘机器人三维视觉传感器设计 [J]. 农业机械学报（2）：171–175.

盛博，支双双，2019. 基于嵌入式 STM32 的农业喷药机器人设计 [J]. 电子设计工程（12）：50–54.

苏士斌，刘英策，林洪山，等，2018. 无人驾驶运输船发展现状与关键技术 [J]. 船海工程（10）：56–59.

孙东平，2015. 无人船控制系统设计与实现 [D]. 北京：中国海洋大学：23–30.

张鹏，张丽娜，刘铎，等，2019. 农业机器人技术研究现状 [J]. 农业工程（10）：1–11.

张树凯，刘正江，张显库，等，2015. 无人船艇的发展及展望 [J]. 航海技术 世界海运（9）：29–36.

YAN R J，PANG S，SUN H B，et al.，2010. Development and missions of unmanned surface vehicle [J]. Jornal of Marine Science and Application（9）：451–457.